自衛官の使命と苦悩

「加憲」論議の当事者として

渡邊隆（元陸将）
山本洋（元陸将）
林吉永（元空将補）
【解説】柳澤協二（元内閣官房副長官補）

かもがわ出版

本書は「自衛隊を活かす会」（正式名称「自衛隊を活かす：21世紀の憲法と防衛を考える会」）の編集協力を得て作成されました。「自衛隊を活かす会」は、元内閣官房副長官補・防衛庁運用局長の柳澤協二氏が代表となって二〇一四年六月に結成されたもので、自衛隊を否定するのではなく、かといって集団的自衛権や国防軍に走るのでもなく、現行憲法の下で生まれた自衛隊の可能性を探り、活かすことを目的に活動しています。本書では、焦点となっている憲法改正によって憲法に書き込まれる対象とされている自衛隊の元幹部の方々に、当事者としてそれをどう感じているのかを、自衛官としての体験を踏まえて語ってもらいました。当事者である自衛隊の方々が「加憲」をどう捉えているかを抜きにして、この問題を本格的に議論することはできないと考えるからです。本書によって議論が深まることを期待します。（編集部）

装丁　上野かおる

もくじ●自衛官の使命と苦悩——「加憲」論議の当事者として

〈解説〉 **自衛隊幹部は何を悩んできたのか** 183

柳澤 協二（元内閣官房副長官補）

うちにある悩みと対峙する姿を発信／元自衛隊幹部であったからこそ／若い人たちにどう伝えたらいいのか／自衛隊を災害派遣隊にするという発想／

I

自衛隊のあり方を決めるのは国民自身だ

渡邊 隆（元陸将）

一、反自衛隊の社会環境の中で

自衛官になれと言わなかった父

私は、昭和二九（一九五四）年五月一五日、北海道、札幌で生まれました。その後、すぐに帯広に移りまして、地元の高校を卒業しました。実家もそこにあります。

親父は、自衛官でした。警察予備隊の頃から入っていたと思います。戦前の軍隊経験もあったはずですが、戦地に行ったのかどうか知りません。自分の父親のことなのですが、亡くなるまで、戦前のことも自衛隊に入るいきさつも何も語らなかったので、分からないのです。

自衛隊の駐屯地は毎年、記念日に開放されます。観閲式や装備品の展示、記念会食などを行うのが通例で、近隣の住民の方々を招待するのですけれど、幼稚園か小学校一年ぐらいの時に親父の勤務する駐屯地へ遊びに行ったことがあります。そこで戦車の上に乗って遊んで滑って、頭から落ちて五針ぐらい縫うような大怪我をしました。医務室に担ぎ込まれて手当てを受け、親父も飛んできて大騒ぎになったことを覚えています。それ以来、親父は、駐屯地に「来るな」とも「来い」ともまったく言いませんでした。私が防衛大学校（防大）に入学するのと入れ替わりぐらいに親父は退官しましたが、自分の職業である自衛官のことをどう思っていたのか語ることはありませんでした。

兄貴が二人いまして、どちらも防大を受けたぐらいですから、自衛官の家族として自然だったのかもしれません。しかし、その兄貴に対しても私に対しても、親父はひと言も「自衛隊に行け」とは言いませんでした。自衛官に向いていないと思っていたのかもしれません。

防衛について特段の使命感はなかった

私が防大を選んだことも、日本の防衛について特段の使命感があってというものではありませんでした。当時の日本の景気が悪化していたこともあり、親に迷惑を掛けずに大学に行かなければならないと思ったわけです。その際、そこそこの良い大学を卒業して、スーツにネクタイを締め、満員電車に揺られて、人様のお金を数えるような仕事にだけは就きたくないと思っていたことは事実です。ところが四〇年の自衛官人生を終えて再就職した先が銀行であったのは、まさに人生の皮肉というものだと痛感しています。

高校時代に大学を選ぶ際、自分が将来どのような仕事をしたいのか、確固たる目標を持つことは難しいことです。当時、どんな仕事をしたかったかと言えば、机の上で一生を終えるような仕事には就きたくない、できれば自然を相手にするような仕事がしたいと思っていたのだと記憶しています。

具体的には、土木、特に鉱山土木を志したのですが、当時、鉱山土木（鉱山工学）という学科は東日本では非常に少なかったように思います。考えてみれば炭鉱が続々と廃鉱になり、もはや山を掘るという時代ではなくなってきた世の中だったわけです。今では開発土木工学とか資源開発工学と呼ばれているのですが、当時高校生であった私は、トンネルを掘ったり山を削ったりする仕事の厳しさを全く理解していなかったのだと思います。結局、岩手大学と土木も学べる防大にしぼって受験することにしました。

ご承知のように防大の受験は早めに設定されていて、岩手大学を受験する頃にはほぼ合格が決まっているわけです。そういう状況下で「まあ、落ちても防大に行ける」というぐらいの感覚になってしまい、気分が完全に乗らずに真剣に勉強しないようになるのです。それこそが防大の狙いなのではないかと思うのですが、希望する大学に受からなかったので防大に入校することになりました。

家庭を除くと社会環境は反自衛隊だった

親父が自衛官ですから、防大受験に拒否感はありませんでした。というより職業の選択肢の中に自衛官を含めることに違和感はないという感じだったかもしれません。

一方、当時の北海道の社会環境はかなり自衛隊に否定的でした。北海道新聞（道新）の反自衛隊の姿勢は相当なものだったように記憶しています。ところが我が家が購読していたのは道新なのです。隣近所、右も左も道新なのですから、私も道新を読んで育ったということで、北海道ではそれが当たり前でした。

私が通っていた高校でも、自衛隊というのはあまり歓迎される存在ではありませんでした。そもそも当時、北海道は日教組が強く、自衛隊に対して否定的に教える先生がほとんどでした。同じような教育を今やったら問題になると思うのですが、それが普通だったのです。社会科の授業が自習になったりするのですが、あとから知ったのは先生が反戦集会のデモ行進に参加していたからでした。あるいは、卒業式に歌う曲を反戦フォーク歌手が歌った「今日の日はさようなら」に替えたとか、私が「防大に行く」と言ったら、進路指導の先生に非常に嫌な顔をされたとか、そんなことを覚えています。

同じ高校の中にヘルメットを被った連中が残っていました。一方、生徒会長は民主青年同盟の活動家で嫌いなタイプの男でした。嫌いといっても、彼らの主張に対する反発心があったというよりは、私自身が他と同調するのがあまり好きではなかったということだと思います。もし当時が軍国主義のような状況だったら、そちらにも同調しなかったでしょう。その高校から防大に入ったのは、たぶん私が二人目だと記憶しています。私の入学のあと、後輩が続々と防大に入校しましたけれど。

二、防大時代に自衛隊違憲判決で衝撃

陸上自衛官を選んだ理由

「ここで十分に政治的な立場を意識してこれをいうのだが、ぼくは、防衛大学生をぼくらの世代の若い日本人の弱み、一つの恥辱だと思っている」

ノーベル賞作家大江健三郎がこのように述べたのは、一九五八年の週刊誌上でした。

防大が所在するのは三浦半島の突端に位置する小原台で、様々な反自衛隊の雑音の届かない、いわば俗世間から隔絶された場所だったのだと思います。私が入学した一九七三年、防大は理工系のカレッジでした。翌七四年に文科系の学部ができまして、二年生に上がる時に、陸海空のどの職域にするか、文科系か理科系のどちらを専攻するか決めることとなりました。その仕組みは

その年限りの例外事項で、現在は理科系と文科系は入学試験の際に分かれています。

その中で陸上要員を選ぶことは、私の中でほぼ一〇〇パーセント決まっていました。私は山育ちで、基本的に揺れたり飛んだり泳いだりするのはあまり好きなほうではなかったので、船や飛行機に乗るのはダメだと思ったのです。パイロット適性がなかったわけではないのですが、乗り物酔いする体質なのです。

専攻では第五希望まで書くようになっていて、土木を第一希望、機械工学を第二希望で出しました。これも、そこに自分の強い意志や希望があったからではなく、なるべく勉強で苦労したくない、進級するのに楽な学部を選んだという程度のものです。そもそも入学当初、卒業できるとは思っていませんでした。

任官拒否をしなかったのは？

防大はご存じのとおり、一年生がいちばん厳しいのです。いわゆる廊下の拭き掃除から始まって、食事の支度やアイロンがけから洗濯、服装のチェックに至るまで徹底的に上級生に鍛えられるので、何度「辞めよう」と思ったかわかりません。「明日辞めよう」と思いながら、どうにか続いてきたという感じでした。

一年生、二年生の前半あたりを乗り切れば少し楽になれますし、三年生にでもなれば、「せっかくここまで来たんだから」という気持ちにもなれます。四年生はもう、ほとんど天国みたいなものです。

ただ、私の同期生には、卒業しても自衛官としての宣誓を拒否する、いわゆる任官拒否組が意外と多かったように思います。学年の学生数が五〇〇名程度でしたが、そのうち、任官拒否した学生は数十名いたように記憶しています。

私は任官拒否をする気はありませんでした。何か使命感が培われてというよりは、「せっかく鍛えられてここまで来たのに、自衛官の制服を着ずに辞めるのは、そもそも本末転倒ではないか」という気持ちでした。任官拒否をするぐらいなら途中で退学をするべきだし、卒業したのなら自衛隊がどのようなものか、この目で確認しないかぎり辞めることはできないと思い、すんなりと任官をしたのです。

歴史の見方は勉強になった

当時の防大は理工系でしたが、一・二年生の時は教養課目があり、経済も憲法もやれば、世界史も日本史もやることになります。先生方はどちらかと言うとユニークな人が多かったと思います。旧軍経験者もいましたし、学会で少し異端児扱いをされたような方も、今考えれば多かったのかもしれません。

影響を受けたのは、歴史学で東洋史を教えておられた阿南惟敬先生でしょうか。あとで知ったことですが、ポツダム宣言を受諾した日に割腹自殺した阿南惟幾中将の三男に当たる方です。非常に印象的な教育をされていました。私が中学と高校で学んだ日本史や世界史の見方がいかに偏っていたかを教えてくれた先生でした。例えば八月一五日の捉え方です。日本ではこの日を「終戦記念日」と呼ぶことが普通であり、学校でもそう習います。しかし先生は、「あれは戦争に負けたのだから敗戦の日だと言うべきだ」と断言されていました。それ以来、私はずっと「敗戦の日」と言い続けています。

ハル・ノートのことを教えてもらったのも阿南先生からです。当時の高校教科書にハル・ノートが登場していたのかどうか知りませんが、少なくとも学校の歴史教育は過去から順番にやっていくものだから、近現代史を十分に勉強した覚えがありません。阿南先生というのは非常に客観的な方で、俗に言う旧軍擁護論者でもなければ日本擁護論者でもありませんでした。「事実を淡々と見てください」というような教え方でした。歴史はすぐには結論が出ないし、後世になってようやく判断できるものがあるとよく言われますが、そこを教えてもらったような気がします。

防衛学では基礎に止める理由

防大では防衛学も教えています。一佐、将補の現職の幹部自衛官が教官となって教えます。非常に高位高官の方から教わるわけですが、阿南先生と比べると、この人たちのほうがやや浅かったと思います。

防衛学で教えているのは基礎的なことです。一つは、軍事科学技術に基づくもので、例えば弾道学のようなものがあります。もう一つは戦争の歴史、戦史です。

一方で、戦うために必要な部隊を動かす戦術などは一切やりません。これはよく考えられた結果で、「それぞれの制服を着てから覚えなさい」ということです。「小手先の技術のいちばん下にある基礎を教えましょう」という発想でした。それはある意味で大変まともなことです。弾がどのくらいの装薬でどのくらい飛ぶかという科学的知識がないままに大砲を操作してはいけないということでしょう。精神力でどんなにがんばったって弾は飛びません。これは旧軍の反省から来ていたのかもしれません。

防大生はよく授業で寝るのですが、私はあまり寝ることはせず、もっぱら関係のない本を読んでいました。しかし、防衛大学校は、教科書をちゃんと読んでいれば試験はなんとかなるというような甘いところではありませんでした。単位を落とすと落第しますし、二回落第すると退校しなければなりません。私は、一度単位を落として進級会議にかかったほどですから、不真面目な学生だったのだと思います。

自衛隊違憲判決の衝撃

憲法は必須課目ですから教わりました。しかし何を教わったのか、ほとんど覚えていません。ただし、憲法ということで言うと、私が入学した七三年の九月に、いわゆる長沼訴訟の第一審判決が出ます。この裁判は、政府が北海道の長沼町に航空自衛隊のミサイル基地を建設することを計画したのですが、それに反対する現地の住民の方々が自衛隊の違憲性の確認などを求めて六九年に起こしたものです。第一審では自衛隊が違憲であるという判決が下されました。入学直後で、違憲判決が出そうだというのは事前に伝わってきていましたので、防大の指導官からも「動揺することのないように」という前触れがありました。しかし、その時はあまり気にしていなかったので、「この人は何を言っているのだろう」と戸惑いました。判決が出て、新聞を読んで、「ああ、このことを言っていたんだ」と分かったという感じです。

なお、防大には教授陣と指導官という、二種類の教官がいます。指導官というのは、学生の訓練や生活指導を任務としていて制服組の人です。そういう人たちが、もしかしたら学生が動揺するかもしれないと慮（おもんぱか）ったということでしょう。

多くの学生は判決をそれなりに冷静に受けとめていたと思います。同期の一年生のあいだでは話題にすることもありましたが、「じゃあ辞めます」という学生が出ることもなく、意外に淡々としていました。

辞めたのは私の同室の一年生、一人だけです。その同期生は、「自衛官を一生の仕事として、誠心誠意、職に尽くすことはできない」と言って辞めていきました。もともと船乗り志望だったので商船大学に入りなおしたのですが、先日、その彼が上京し、一緒に酒を酌み交わす機会がありました。ほぼ半世紀近くたっても話すことは、防大の一年生の厳しく、それでいて懐かしい毎日のことばかりでした。

普通の学生だった

私はその彼が近くにいたので、意外と敏感に感じ取ったのかもしれません。「これから一生をかけてやる仕事は、もしかしたら憲法違反の職業なのかもしれない」という感覚はありました。しかし率直なところを言うと、深く考えないようにしていたというのが正しいでしょう。考えたところで、成績が上がるわけでもなければ、部活でやっていたサッカーでボールがうまく蹴れるわけでもありません。悩んでもどうしようもないのです。それ以外に憲法のことを意識した記憶はありません。

授業の中に憲法学や国際政治史というのはありましたけれど、それはあくまでも勉強の一環としての位置づけです。個人的に関心があって学んだわけではありません。それよりも理工系だったのでキャタピラがどう動くのかとか、車両の走行性能に土質がどのように影響するのかというような、実験や数式で確認できることのほうに興味がありました。

もちろん、二〇歳前後の若者で体育会系でしたので、スポーツだとか横須賀の夜の街についても大いに興味がありました。防大の制服を着ていなければ普通の大学生だったというべきでしょう。

三、憲法のことは考えず、任務に集中した自衛官時代

防大を卒業すると、陸上要員の場合、全員が福岡県久留米市にある幹部候補生学校に入校しま

す。ここで、幹部候補生試験に合格した一般大学の卒業生と一緒に、自衛官として最初の教育を半年から一年（当時、防大卒と一般大学卒では教育期間が異なっていた。現在は同一カリキュラム同一期間で教育が行われている）受けることになります。

この学校で修得するのは、小部隊の指揮と戦術の初歩です。「まっすぐ行ってはダメで、迂回しなさい」とか、「銃は正面じゃなく斜めから撃つんだ」というようなことを、現地で実習しながら覚えていくのです。教室での課目と野外で行動する課目が概ね半分半分でやはり実習に重きが置かれています。

自衛隊の職種について

さて、陸上自衛隊に入れば、今度は職種を選ばなくてはいけません。陸上自衛隊には一四個の職種がありました。現在は情報科という新しい職種を加えて一五個ですが、この中から自分の職種、すなわち自衛官としての仕事の分野を選ぶことになります。

陸上自衛隊の職種は大きく四つの分野に分けられます。戦車や大砲、歩兵のように戦うことを主な仕事とする戦闘職種、航空・工兵・通信などの戦闘を直接支援する戦闘支援職種、かつては兵站と言われていた補給や整備・輸送など戦闘を幅広く支援する後方支援職種、そして会計や警務・音楽などの行政支援分野です。

ここで歩兵とか工兵という呼び方をしましたが、正式名称ではありません。実は国内的には自衛隊は軍隊ではないと政府が答弁していますので、自衛隊は「兵」という言葉を使えません。すなわち、旧軍や世界の陸軍が使っている歩兵、砲兵、騎兵、工兵、憲兵など「兵」という言葉を使えないわけです。それで「普通科」、「特科」、「機甲科」、「施設科」や「警務科」と呼称するわけですが、「普通科」や「施設科」では中身がわからない場合が多いので、時に「旧軍では歩兵（工兵）にあたります」のように補足説明するわけです。旧陸軍では戦闘職種のことを「兵科」と呼んでいました。いわゆる直接戦闘を担任する職種で陸軍士官学校の士官候補生は、この「兵科」しか選べない時代もあったといいます。現在の陸上自衛隊では一般幹部候補生はすべての職種を選ぶことが可能ですが、当然その配分には違いがあります。

米陸軍は、非常に広範囲な組織で、考えられるほとんどの職種、職域があります。一九八〇年代からの米陸軍の兵士募集のキャッチフレーズは、「Be All, You Can Be」というものでした。まさに、能力次第でなれるものになれる組織、それが陸軍なのです。自衛隊にも調理師や測量士、楽器演奏者からマラソン選手まで色々な職業、特技がありますが、僧侶と弁護士の仕事はありません。当然のことですが、一番多く割り当てられているのは戦闘職種で戦いを専門とする仕事です。

幹部候補生課程の修了時にそれぞれの職種が決まるのですが、私は幸運にも第一希望の施設科に決まりました。同期、約四〇〇人弱の中で施設科は三〇人程度でしたから、希望どおり橋をつくったり道路をつくったりする土木関連の職種、工兵にあたる施設科に配属されたのは、幸運であったと思います。

最初の任地は北海道の千歳

私の自衛隊人生が幸運に恵まれるのはそこからです。防大では意外とつらい生活だったといか、学業もいい加減で低空飛行で決して優等生ではなかったわけですが、幹部候補生学校では、なぜか私を認めてくれて希望どおりにさせていただきました。北海道生まれの私にとって久留米の夏は大変暑くて、もうこんな暑い所では自衛官はつとまらないとも思い、「とにかく北海道へ行きたい」と希望したのですが、そのとおり最初の任地は北海道になりました。何の不満もありませんでした。

最初の任地は北海道の千歳です。北海道には多くの陸上自衛隊の駐屯地があります。中には名寄や遠軽、美幌など、都会とは程遠い北海道らしい駐屯地も多くありますけれど、道央の千歳は北海道の中ではきわめて住みやすい、仕事をしやすい環境の勤務地でした。そこに六年半いることになります。仕事としては、第七師団施設大隊の小隊長から中隊長までを経験しました。この頃がいちばん花だったかもしれません。

普通、大学を出たばかりの者が与えられた仕事に自信を持ってやりがいを感じることは、あまりないと思うのです。でも私はこの初級幹部時代に、「もしかしたらこの仕事は自分に向いているし、必要な能力もあるのかもしれない」と思い始めました。そこそこに足が速く体力もあったのですが、何より部下に恵まれたのか、隊員はしっかりと付いてきてくれました。

三等陸尉に任官して小隊長として三〇名ぐらいの部下を持つのですが、仕事の中心は自分の部隊を鍛えることです。部隊には目標が定められています。その目標を達成するために、演習や訓練、いわゆる模擬の戦争をやらなければいけないわけです。重たい銃と荷物を背負って、一晩で四〇㎞ぐらい歩かなければいけません。隊員と同じ行動をしながら小隊長として自分の部隊をまとめなければならない。いわば肉体と精神の能力が同時に試されるようなことの連続です。

施設科における小隊長の仕事

私の職種は施設科、いわば陸上自衛隊の土木・建設分野ですから、例えば一晩で小さな橋を掛けるようなことをしなければいけません。これは応急の橋梁で、ほぼ部品は用意されていますから組み立てるだけの簡単な橋なのですけれど、実戦になればまったく知らない土地で命令を受け、しかも敵がすぐに攻めてくるような所で橋を掛けなければいけないわけですから、相当緊迫した状況下での行動になります。そのような厳しい状況を想定して訓練を重ねることではじめて、災害派遣や有事の際に迷うことなく行動できるようになるのです。

自分で自分の部隊を鍛えるために、計画をつくり、演習場を確保し、所要の装備や機材・設備などを準備するのです。これを全部、幹部が自分でやります。そういう訓練の企画・立案を経験したことは、非常に勉強になりました。もちろん、大学を出たからといって何でもできるわけでもないし、失敗も多かったのは当然のことです。小隊には私より経験のあるベテランの陸曹、すなわち下士官が配置されているわけですが、これらの陸曹が小隊長を支え、鍛えてくれる。それはどんな陸軍でも普通のことで、それが強い陸軍かどうかを決めるといえるでしょう。

その後、二〇代の後半で約九〇名ほどの部隊を任される中隊長という仕事に就きます。中隊長はある面では防衛省の行政職です。すなわち所属する隊員を管理し、給料を支払い、食事を摂らせ、休暇を付与し、組織として維持管理する責任を持つ服務上の役職です。北海道にいた約七年ほど、本当に真面目に仕事に取り組みました。厳しいなりに楽しい部隊勤務だったと思います。

陸自初の日米共同演習に関わる

幸運は重なるもので、ちょうど一九七七年、北海道に赴任した翌年に日米共同訓練が始まったのです。陸上自衛隊初の日米共同実働訓練が北海道で行われ、その演習に参加しました。海外の軍隊と一緒に訓練をするのは組織にとっても初めてのことで、試行錯誤の連続でした。

私自身も当時は、国際情勢などについて一般の国民程度の関心しか持っていなかったのですが、その背景が理解できるようになったのは、その後、防衛省や陸上幕僚監部などで勤務することになったからです。国として日米安全保障条約を締結していましたが、一九七八年まで自衛隊は米軍と具体的に連携することはありませんでした。「国防の基本方針」(昭和三二年五月二〇日)に、「外部からの侵略に対しては、将来国際連合が有効にこれを阻止する機能を果たし得るまでに至るまでは、日米安全保障体制を基調としてこれに対処する」とあるのですが、この方針を具体化するために日本の陸上自衛隊と米陸軍が共同で対処するためにどうするのかという検討はまったくなされていませんでした。まあ、それほど平和だったということですし、多分、そのようなことを米軍と話すだけでも国会で叩かれただろうと思います。

当時は、冷戦の真っただ中で、米ソがにらみ合っている国際環境でした。「同盟のジレンマ」

と呼ばれるのですが、同盟には「巻き込まれる恐怖」と「見捨てられる恐怖」の相反する二つの恐怖が混在しています。朝鮮戦争やベトナム戦争の時代には「巻きこまれる恐怖」の方が大きかったため、日米間の防衛協力は消極的であったものが、ニクソン・ドクトリンやデタントを契機として「見捨てられる恐怖」が大きくなり、結果としてガイドラインやシーレーン防衛の表明へと日本が動き始めたのです。一九七八年、「日米防衛協力の指針」いわゆる日米防衛ガイドラインが策定されました。その背景にあったのは、それまで軍事的・経済的に圧倒的であった米国の優位性が失われつつあったということであり、一方で極東ソ連軍の増強が目に見える形で表れてきたということです。

米軍相手に通訳としてネゴシエート

最初に参加したのは、日米方面隊指揮所演習という図上演習です。日本側の参加部隊は、最も最前線にあたる北部方面隊と神奈川県座間市に駐留する米陸軍第九軍団です。私は、方面隊隷下の師団の通訳として参加しました。

今では海外任務などもあって幹部の語学力は向上していますが、海・空自衛隊と違って、まともに英語を話せる陸上自衛官は、当時非常に少なかったのが事実です。何しろ仕事上の必要がない訳ですから上達するはずがありません。防大以来、人よりも成績が良かったのは英語ぐらいだったので、「渡邊君、半年ほど英語を勉強してこい」と調査学校（現在は小平学校）の英語過程に入れられて、帰ってきたらすぐ日米共同訓練だったのです。

共同訓練に参加しながら自分の部隊も鍛えなければいけないので、両方をやるわけです。非常に忙しかったですけれど、一方でおもしろい経験をしました。図上訓練というのは実際に部隊を動かすことなく、司令部だけで作戦を遂行するもので、部隊の動きは全て図上、すなわち地図上で行われる演習です。現在では地図や計画は、全てコンピューターの各種ソフトで行うようになっていますが、当時はまだ大きな体育館に北海道の地図を展開し、その上に自衛隊を表わす青い兵棋と敵を表わす赤い兵棋、そして友軍である米軍を表わす緑の兵棋を動かして戦争するウォー・ゲームと呼ばれる演習です。のちにYS（ヤマザクラ）演習と呼ばれる日米共同演習の一つなのですが、最初は一年がかりの非常に大きな演習でした。

アメリカ陸軍は、世界の同盟国と似たような訓練を重ねているわけですが、何分、陸上自衛隊にとっては初めての演習で、地名や軍事用語一つとっても調整が必要な有様でした。想定される場面は、我が国に侵攻した敵を自衛隊が阻止している間に、日米の部隊が計画をすり合わせて、共同して攻撃し、侵攻軍を撃破するというシンプルなシナリオです。しかし日米が肩を並べて攻撃するにしても、持っている装備が違う。米軍が質量ともに圧倒的に優れているわけで、米軍だけ、あるいは日本側だけ先に進んでも困るわけです。同じ目的を達成するのに主要な結節で相互に調整しながら作戦を遂行する演習になります。結局、米軍相手にネゴシエート（交渉）することが、最大の重要なポイントになります。初級幹部の頃はまさに通訳として参加しました。その後、企画・立案で演習全般を統制する仕事も担任しましたが、非常に鮮明に記憶に残っています。

外征軍である米軍と自衛隊の違い

実は、米陸軍は日本と訓練して、相当面食らったと思います。我々は、「ノーはノー」と言う部隊でした。「それは（能力上、あるいは法制度上）できない」、「ここは日本の国土なのだから」ということを何回も言いました。そして、私がアメリカの言うことを聞かない日本側の担当だったわけです。「韓国とはどうも違うね、日本は」という感覚を持ったのではないでしょうか。

ご存知のように、韓国も米軍と一緒に戦っていますし訓練しています。しかし、当時は作戦の指揮権については——正式には戦時統制権と言いますが——米軍が作戦を一元的に指揮していました。ですから作戦の主導権は全て米軍にあります。しかし、日米では指揮権はそれぞれが持っているわけで、どちらも独立しています。ＮＡＴＯやドイツがどのような訓練をしていたのかについてはよく分かりませんが、アジアでは日本と米軍とは建前上は同格であり、日本が国土防衛の主導権を持っているわけです。

なぜ、我々は「ノー」と言えるのか。たとえば、アメリカは外征軍ですから、そこに市街地があろうと、何があろうと攻撃法を変えないのです。しかし、我々は日本の国土で戦うわけで、そこに国民が所在しているわけです。なるべく市街地を戦場にしたくないので、「ここは通らないで行くのだ」と言うわけです。アメリカは理解できずに、「何故だ、ここは無防備都市なのか?」と驚くのです。国際条約によって、無防備都市宣言をすれば軍隊は入れないことになっているわけで、彼らにとって軍隊が入れられないとすると、それしかないのです。そうではなく、一部の日本の住民が住んでいるのだと説明し、アメリカと調整して、結果的には市街地を迂回して攻撃するのです。米側も、そういう体験はおもしろかっただろうと思います。アメリカ軍は好き勝手にやっているように見える軍隊ですけれど、強く出れば出るほど認めてくれるところがあります。もちろん、米軍にとって日本は、かつて太平洋で最後まで真剣になって戦った相手でもあるので、そういう意味では一目も二目も認めてくれたのだと感じました。

そうは言っても、力も経験も圧倒的に米軍が持っていましたので、桁違いに米軍が強いというか、実戦を経験してきた軍隊の強さを持っていました。しかし、日本の国土を守る行動なのですから、自衛隊のほうが知識と地形を知っており、地域の住民の方々のことを考えていたと思います。指揮所演習の他には、部隊の規模は小さくなるのですが、実働すなわち実際に演習場で日米の部隊が行動する日米共同実働演習にも参加しました。

日米共同訓練の何が興味深かったのかと言えば、何よりも陸上自衛隊として初めての仕事だったので、その手順について決められたルールがないことだったと思います。ある意味、自分で決めたらそのとおりになるという世界ですし、一方で相手のいることですから、調整と相互理解そして信頼が何よりも大事なのだということを理解できたことが最大の収穫でした。そして自衛隊は総じて練度が高く、約束と時間を厳守する組織であり、一緒に戦うに値する組織であると米軍が認識したのも、このような日米共同訓練を通じて培われたものでした。

ソ連を想定した演習の実際

北海道だから当然でしょうが、当時の日常の訓練はソ連を想定したものでした。毎年毎年、「もしこの夏、ソ連が攻めてきたらどうするか」を前提に、その時が来たらなるべく北の方で侵攻軍を阻止しようと訓練するのです。極東ソ連軍が増強され、脅威がだんだん高まってきて、宗谷海峡を取りに来るという限定シナリオが、本気になって検討された時代でした。

その際、戦う場所は北海道の北部に設定することになるので、実際に隊員を連れて現地を見に行くのです。上陸してくる極東ソ連軍を稚内市の南にある音威子府付近で迎え撃ち、本州から詰めかけてくる我が主力部隊のために地域を確保して、一大決戦の条件を作為するという絵空事を本気で考えていた時代です。その後は、ソ連軍の侵攻を出来るだけ引き付けた上で、米軍の来援まで耐え抜くという戦法です。

「敵がこのぐらいの部隊で攻めてくる」という具体的な想定をして、敵が攻めてくる様相を最初は地図上で検討します。しかし、地図上で検討をしていくと、現場の細部の状況が分からないと作戦計画が完成しないので、結局、現地を見に行くことになるのです。「ここで実際の戦闘が起きる」とは地元の人には言えないですけれど、隊員たちと「最終的にはここに部隊を配置しよう」とか「ここが指揮所の適地だ」とか、「ここが対戦車戦闘のポイントだ」とか話し合いながら、そういう所をずっと見て歩いていくのです。

「鬼志別」というのが、北海道のいちばん北にある小さな演習場の地名でした。それは部隊が訓練する演習場なのですけれど、いざとなったら陣地にするための緊要な地形という位置づけでした。当時は戦うための準備も何もできていなくて、いざというときに防御陣地をどうするかも決まっておらず、自衛隊の訓練施設なら使えるだろうという判断でした。

我々は施設科部隊（工兵）であって、戦う普通科部隊（歩兵）ではないので、「じゃあ、道路をここにつくって、橋はたぶん航空攻撃で落とされるから、その場合はここに橋を掛けて」と本気で考えるのです。そして、普通科部隊が次第に損耗することを想定し、最後は、施設科であっても戦う部隊になるというシナリオです。その場合には、ここに陣地をつくって、このように機関銃を配置して、対戦車火器（携帯ロケット）をここに置いてというような訓練もやりました。当時は真剣でした。馬鹿のように真剣でしたというと変な言葉になりますが、それ以外に表現しようのない気持ちでした。

指揮幕僚課程で戦術と議論、決断を学ぶ

年齢で言うとだいたい二九歳ぐらい、中隊長の頃に幹部学校のCGS（指揮幕僚課程）に入校することになりました。CGSは旧軍の陸大に相当しますが、試験に合格することが必要でした。その試験科目は非常に広範囲で深いもので、合格するためには相当勉強しなければならないと言われていました。そんな状況でしたから、試験に落ちても、ずっと郷里にいて「このまま北海道で自衛官をやっていればいいかな」とも思っていたところ、幸運にも合格したので急転直下、家族を連れて東京に出てきたのが、一九八四（昭和五九）年の夏でした。

ＣＧＳは二年間の課程です（現在は一年半）。中学、高校、大学と、本当に勉強は適当で、宙ぶらりんのいい加減な学生でしたけれど、この二年間だけは真剣になって勉強したことを覚えています。関係する本を濫読したのもこのころです。

ＣＧＳ教育の中心は「戦術」です。いわゆる大部隊運用の法則、要領・手順などを学ぶことです。その他は、戦史、戦争・紛争の歴史です。自衛隊の幹部学校の卒業生の中から必ず師団長や方面総監、果ては陸上幕僚長、統合幕僚長を輩出させるわけですから、いざというときに戦いに臨んで部隊を指揮し、責任を果たす術を覚え、心構えを習得させるのは当たり前のことです。

しかし、学校が準備した課目や課題に応えることが幹部教育の本質ではありません。その核心は、議論と説得にあります。すなわち戦いに勝つために、状況はどうなっているか、敵の能力はどうか、我はいかなる行動をとり得るか、問題点はどこにあるか、その問題点を解決するために何を優先し、何を我慢しなければならないのか、などといったことについて場所を替え相手を替え、少人数で議論し自分の考えを述べ、相手の考えを理解し、時には欠点を指摘して最良の行動方針を相手に認めさせること、つまりは総合的に判断して決断することを学ばせます。当然、それは有事に対応したものですが、平時の防衛力整備であろうと、教育訓練であろうと、人材育成であろうと、あるいは事故対応であろうと変わらない業務遂行の基本的な能力・姿勢を学んだのだと思います。

昔のように、将軍が部隊を引き連れて将軍の号令・命令どおりに戦うという時代ではなく、組織が仕事をするわけです。チームワークの善し悪しこそが良い作戦を遂行できるかどうかの分かれ目にあるという認識にもとづき、非常に複雑多岐にわたる戦闘をしっかり分析をして積み上げていくのです。したがって、この教育は防衛省の本省で行われる業務にも生かされています。それは官僚の仕事ですが、指揮統率という軍令の分野と、国の実力集団である自衛隊を維持・運営するという軍政の分野と、二つの分野についての基礎的な事柄を勉強することができたと思います。

人材の募集と育成の仕事

幹部学校の指揮幕僚課程を卒業して、二年間、福岡の地方連絡部（現在の地方協力本部）で自衛官募集、リクルートをやりました。募集班長という役職ですが、福岡県の高校生を自衛隊に入れる採用担当の仕事です。階級は一尉から三佐になる頃です。

地方協力本部の主たる仕事は二等陸・海・空士（現在の自衛官候補生）の募集です。防衛大学校の学生やパイロットを養成する航空学生の募集も行いますが、当時、福岡地方連絡部では、年間で一〇〇〇名近くの高校生を自衛隊に入隊させる業務を担当していました。天神の繁華街で肩叩きと呼ばれる街頭募集も経験しました。ただ、当時は円高不況の真っ最中で就職難だったため予想以上に募集は好調で、街頭募集を止めて、もっと組織的な募集にしなければならないという時代でした。「これからは数の募集から質の募集に転換しなければならない」として、広報活動を見直し、学校への働きかけを考え実行に移した時代になります。

ところが、一九八八（昭和六三）年夏、海上自衛隊の潜水艦なだしおと漁船が衝突する事故、いわゆる「なだしお事件」が起きて、海上自衛隊の募集が非常に厳しくなることがありました。現在は、少子高齢化で日本の就職環境は売り手市場ですから、自衛官募集は非常に厳しいものがあります。

人材募集が景気によって左右されることは、ある程度やむを得ないところがあります。それは、どこの国でも同じようなものでしょう。しかし、自衛官募集すなわち国を守る人材の育成が、防衛省の陸上自衛隊、しかも各方面隊の地方協力本部に過大に依存している状況が適切なのかは、検討されるべき時機に来ているのではないかと思います。

本省で装備行政と大臣副官の仕事に

地方連絡部の次は、防衛庁の本省に行くことになりました。そこで二年間、装備行政に携わりました。

当時、陸上自衛隊は定員を一八万人から一六万五〇〇〇人に減らすことが決まっていて、それをどのように実現するかという大きな仕事に直面していました。戦力が一八万から一六・五万に縮小するわけですけれども、一八万で実現していた能力は維持しなければいけない。となると、小手先だけの改革では不十分で、根本からスクラップ・アンド・ビルドしないといけないわけです。そういう仕事は、「あなたの所は五〇人減らしてほしい」など組織や人員を削減することになりますから、必ず守旧派的な人がいて、「何が問題なんだ。今でも足りないんだ」と言ってくる。でも大事なのは、そういう議論を通じて、議論の先にある全体像についての共通認識なり、コンセンサスが得られるようにすることです。その結果、補給処の集約一元化であるとか、師団の旅団化であるとか、現在の陸上自衛隊の変革の最初のひな型みたいなものをつくったわけです。大変でしたが、ある意味おもしろい仕事でした。

本省の仕事は、通常二年や三年では終わりません。多くの防衛官僚やトップエリートと呼ばれる人は長く中央官庁で勤務しますし、それがキャリアアップにもつながるわけです。しかし、私は早く現場、すなわち部隊に帰りたいと考えていました。

ところが、陸上幕僚監部の二年目が終わった時に、内局で大臣の副官という仕事を拝命しました。秘書というか、いわゆる鞄持ちです。役職名は、防衛庁長官副官（防衛省昇格により、現在は大臣副官）という名称ですが、当時このポストは正式なものではありませんでした。聞くところによると中曽根防衛庁長官時代に米国の大統領や国防長官の傍らに必ず軍人の副官がついていることを見て、新たに設けられたということでした。

大臣には職務上の補佐をする秘書官という文官（キャリア）がいます。ですから副官としての私の仕事は、もっぱら大臣の日程管理や部隊を視察される調整、そして雑用です。この副官の仕事を二年間やりました。その間、三人の大臣にお仕えしました。

ここで初めて「政治とはこう動くんだ」と実感したといいますか、政治を垣間見た二年間でした。ちょうど一九九〇年から始まる湾岸危機のど真ん中で、アメリカから「ショー・ザ・フラッグ」を求められていた時代です。そして二年越しでPKO法が成立するわけです。その激動の国会論議の傍らにいたことになります。普通の自衛官であれば絶対に経験できない、得難い体験をさせてもらったと思います。

希望した大隊長になれたが

内局の二年間が終わる頃、私の次の仕事をめぐる雰囲気は、「本属の陸上幕僚監部に戻って、そのまま幕僚の仕事をしろ」というものでした。しかし、私は内局の仕事が終わったら、とにかく一度、施設科部隊に戻りたいと思っていました。「大隊長ができるならどこでもいい」と言っていました。

中隊長というのは、部下が一〇〇名程度で顔も名前も全部覚えられ、自分が率先して動けば部下がみんな付いてきます。一方で連隊長は、部下が一〇〇〇人から一五〇〇人ぐらいになる。連隊では、さすがに「さあ行くぞ」と号令をかけても全員には届かない。全員を引き連れてその先頭に立って動くよりは、後ろにどっしりと構えて全般を見ることが重要になります。

その中間である大隊長の場合、部下は四〇〇から五〇〇ぐらい、組織論的にも部隊指揮運用上も、指揮官としていちばんやりがいがあると言われている部隊規模なのです。東京で満員電車に揺られて防衛庁に通勤する生活に疲れながら、第一線部隊で勤務することを熱望していました。

副官の仕事の終わりが近づいたそういうある日、人事の担当が来て「大隊長ができるけれど海外でもいいか」と言うのです。成立したＰＫＯ法にもとづき、初代の隊長としてカンボジアに行けということでした。勇んで受け入れることにしました。

派遣部隊のトップになるのは想定外

湾岸戦争時、国会に最初に提出された国連平和協力法案では、自衛隊は多国籍軍の後方支援をすることが想定されていましたので、普通科連隊規模のある程度まとまった部隊の派遣が予想されていました。法案が可決されることを想定し、陸上自衛隊は内々に研究・準備をしましたが、二〇〇〇人程度の部隊を想定していたと思います。一個連隊は一〇〇〇名程度ですが、海外に行くわけですから国内の支援基盤を活用することができないので、必然的に部隊規模は大きくなります。もちろん、私の専門である施設科部隊もその一部として参加します。

この時から施設科部隊を率いるのは自分が適任だと思っていました。全体の指揮官は別にいるわけで、自分は政治的なことは気にしなくてもよく、建設・土木の仕事に専念することができます。英語もそこそこできます。高官の方から「カンボジアに自衛隊を派遣をするのはどうかね」と聞かれた際、「この仕事は、私がいちばん適任だと思います」と半分冗談で言っていました。

ところが、この法案は廃案になってしまいました。次の通常国会でようやく国際平和協力法（PKO法）が成立します。新しい法律では、歩兵部隊が行う業務が当面の間、凍結されることになったので、道路や橋の建設などの後方支援が主要な任務となりました。派遣される自衛隊は施設科部隊だけになりますから、私が行くなら全体のトップにならざるを得ないということです。自分が適任だとは思っていましたが、まさか派遣部隊のトップで行くとは考えてもいませんでした。まだ三九歳でした。当時の陸上自衛隊が、よく私を行かせてくれたものだと今でも思います。

腹を切る覚悟で

実際に派遣される段階となって、自衛隊が初めて海外に出て行くわけですから、いろいろと考えることはありました。法案審議中に本省にいたので、法律的なレトリックは全部頭に入っていたつもりですし、政府の答弁書も読んでいます。しかしそれは自衛隊の行政面の枠組みの話であって、実際の部隊運用は別の話です。当然、法律を犯すことはできないし、原則は守らなければいけないのですが、法律と現場の乖離から出てくる問題をどう自分に納得させられるかが課題でした。

それよりも今だから言えるのは、最大の問題は、派遣隊員の中から犠牲者が出た時のことです。最悪の場合には、五名未満、三、四名ぐらいの犠牲はあるかもしれないと思っていました。部隊総数が六〇〇名ですから、その一パーセント、六名にまで達したら腹を切らないといけないだろうと覚悟していました。

もちろん組織は、安全なところに行くのだと言っていましたし、一名たりとも欠けることは許されないのです。それが派遣の大前提ですから口に出して言うことはありません。しかし、語弊がありますけれど、「どんなにがんばって、どんなに気をつけても、犠牲が出る時は出る」と私は思っていたのです。しかし、私の覚悟は相当に甘かったのだと、あとで思い知らされることになります。

自衛官が憲法を語るのはタブーだった

施設大隊がカンボジアで国際平和協力業務を実施したのは、カンボジアの南、タケオ州というところで、比較的安定した地域でした。事前に偵察をした時よりも、実際の派遣された時期のほうが落ち着いていました。それには国連の現地の司令部や他の参加部隊の力もあったとは思います。

けれどもそれから半年後、帰国の少し前に国連ボランティアの中田厚人さんが亡くなられます。そして帰国後、文民警察官として派遣されていた高田晴行警部補（当時）がお亡くなりになります。タイの国境近くで、地域を担当していたのはオランダの歩兵部隊でした。我々だったら怖気づいて行かなかったかもしれないようなところで、彼はむしろ率先して任務を果たしていたのです。警察官で派遣された方々の同窓会が現在でも続いていて、私も何回か招待されたことがありますが、会は黙とうから始まります。自衛隊の派遣部隊の同窓会は――私が退官した時点で解散しましたが――、ただ集まって、飲んで騒いで肩を叩き合うだけでしたけれど、一人でも何かあったら違う雰囲気になっていたことでしょう。

この時期、自衛隊が海外に派遣されるわけですから、憲法上のいろいろな問題が検討されました。けれども、自衛隊派遣の問題を解決するための検討はなされても、現実に即して憲法を真面目に考えている官僚はいなかったと思います。

逆に、当事者として自衛官が憲法を検討するのは大問題になります。自衛隊は自衛隊法に基づいて防衛行動をするわけですけれど、憲法でうたっている基本的人権の保障や制限というものが、現場での我々の行動にどのように影響があるのかを検討したいと思っても、それはできないのです。実際に私の後輩は、そういう問題を内々に検討させていることが漏れて、処分を受けました。制服自衛官にとって憲法を語るのはもちろん、研究することもタブーだったのです。

アメリカの陸軍大学に留学

カンボジアから帰ってきて幹部学校に一時期籍を置き、カンボジアPKOの講演を中心に自衛隊の内外を問わず、色々なところで講話する仕事をしました。その後、防衛省に戻り陸上自衛隊の教育訓練、人材育成の仕事を二年ほど担当した後、九六年から一年半、アメリカの陸軍大学に留学をしました。

米国は多くの国と同盟関係を結んでいますから、軍人の世界でも留学生が集まります。私の留学先の米国陸軍大学では、四〇か国から留学生を受け入れていました。中佐から大佐クラスのアメリカ軍人一八名と二名の留学生で一つのセミナー（クラス）をつくります。そのセミナーが二〇個ありました。このセミナーを中心にアメリカの学生と一緒に授業を受けるわけです。教育の半分は、大戦略や政軍関係、国際関係論の勉強であり、あとの半分は米国軍人、各国軍人との国際交流、研修というカリキュラムでした。

米国陸軍大学では、ベトナム戦争当時のアメリカの悩みなどについて勉強することが出来ました。ベトナム戦争には、国家として三つの大きな失敗があったと、陸軍大学の教官は言います。

第一の失敗は、軍隊が政治の目的を達成することができなかったことです。そして、政治が軍隊の使い方をわからなかったというか、軍隊を細かくコントロールしようとしすぎたこと。それが第二の失敗です。第三の失敗は、メディアと国民の関係です。軍隊は真面目にメディアに付き合わなかったし、それに基づいて起こる国民の反戦、反軍感情をコントロールすることができなかった。これがベトナムの基本的な三つの失敗として語られました。結局、政治と軍事、いわゆる政軍（politico-military）関係が大事だということです。

負けた戦争からは学ぶけれども

ご存知のように米国の大統領やその側近には軍人出身者が多くいます。また米国は、世界のリーダーとして、大統領と各軍及び統合参謀本部との関係が世界の安全保障に重要な影響を与える国です。陸軍大学の議論は、非常にアカデミックフリーで、日本でそのような議論を自衛官がすれば、多分一部の人たちは目をひそめるような内容であったと思います。ベトナムの反省と教訓は、まさに湾岸戦争で活かされ、見事に解消されているわけで、そう捉えると納得できました。

チェイニー、パウエル、シュワルツコフという、国防長官、統合参謀本部議長、現地統合部隊司令官が非常にバランスよく連携し、作戦・戦争をコントロールしていました。だから、ブッシュ大統領（パパ・ブッシュ）は、作戦そのものはほとんどチェイニーに任せて、国内は自分がしっかりと見るというような態勢をとれたのだと思います。コリン・パウエル大将の存在は大きかったのかもしれません。当時の私のクラスメイトはみんな「次の大統領はパウエルだ」と言っていたくらいですから。一時期ずっと人気がなかったアメリカの軍隊、陸軍が、ようやく輝きを取り戻したような、そんな時代でした。

その後、アメリカがイラク戦争で苦労したのは、人は負けた戦争からは学ぶけれど、勝った戦争からはなかなか学ばないということなのかもしれません。勝った戦争からも学べるはずなのですが、勝ったことで「自分たちは正しかった」というフィルターがかかってしまうのでしょう。問題があったはずなのに、なかったように見えるわけです。単なる僥倖だったり偶然だったりすることが、チームワークとか、兵器の性能とか、指揮官の功績に見えてしまうのです。

東北方面総監として震災を体験して退官

アメリカの留学から帰ってきて、一九九七年から二年間、本省の作戦を担当する班長に就きました。

二〇一八年現在、陸上総隊司令部という新しい司令部が創設されたことは、陸上自衛隊とって画期的な組織改編です。当時、陸上自衛隊には、海上自衛隊の自衛艦隊、航空自衛隊の航空総隊のような作戦部隊を一元的に指揮する司令部はありませんでした。何故、長い間、陸上総隊のような司令部が作られなかったのかについては色々語られていますけれど、つまるところ陸上部隊のすべてを一人の指揮官に委ねることは危険であるという考えがあったのだと思います。したがって、当時の陸上自衛隊の実質的な最高司令官は、陸上幕僚長であることになります。

幕僚長は、防衛大臣を補佐する立場であるわけですから、指揮系統上からいうと指揮官にはなじみません。それが統合運用体制で明らかになりました。自衛隊のすべての作戦は、防衛大臣の下で統合幕僚長が担任する態勢となったからです。そのような背景もあって有事の際に大臣の命令を一元的に執行する陸上自衛隊の最高司令部、陸上総隊司令部が誕生しました。

当時の陸上自衛隊は、私が所属していた陸上幕僚監部の防衛部運用課が実質的な最高司令部の機能を果たしていました。その中で、災害派遣や国際平和協力活動などの平時の活動を除く、有事の際の陸上自衛隊の運用と日米共同作戦が私の担当でした。この時期は、冷戦間のソ連軍を仮想敵国とした北方対処の作戦から、テロ対処や南西諸島対処に軸足を移し始めたころです。北朝鮮の能登半島沖不審船対応にもかかわり、一九九八年の八月には北朝鮮のテポドン一号の打ち上げに伴う対応などを経験しました。非常に緊迫した二年間を過ごしたことを覚えています。

一九九九年に再び北海道に戻り、岩見沢市に駐屯する施設群長（連隊長）に着任します。二〇〇〇年問題でコンピューターが誤作動を起こして様々な障害が起こるといわれた年です。慣れ親しんだ北海道で昔の仲間に会う機会が持てましたが、わずか一年三か月でまた本省に戻り、陸上幕僚監部の課長となり、その後、方面総監部の幕僚副長、幹部候補生学校長、本省の教育訓練部長、第一師団長、統幕学校長を経験し、最後は東北方面総監として東日本大震災の後片付けをして退官しました。

学校長として後輩を育てる

私の経歴の中で一番の誇りは、様々な階級で部隊指揮官として勤務できたことです。これは中隊長であれ、ＰＫＯの大隊長であれ、連隊長であれ、あるいは師団長、総監であれ、やりがいと責任の重さが相半ばする職務です。任務を真剣に考えれば、恐らく寝る暇さえない、不安と心配に苛まれる職務です。しかし、それに余りある誇りと権限を与えられた仕事といえるでしょう。

そのような職務以外で最も自分自身の勉強になったのは、二度にわたる学校長としての勤務です。陸上自衛隊には一四個の学校があります。おそらく日本のどの組織と比べても、これほど独自の教育基盤を有している組織はないと思います。それは陸上自衛官を育てるところが国内には他にない、自分たちの後輩は自分たちで教え育てる以外に方法がないのだという、軍隊ならではの特性と歴史があるからです。

ただ、学校長になるまで、私は一度も学校の教官になったことがありませんでした。にもかかわらず、陸将補になって「幹部候補生学校長となって後輩を育てろ」と言われたわけです。課目を担当して教壇に立つわけではないのですが、教育の現場を知り、人を育てることを任されるのは、教育者としてのやりがいを感じる経験でした。

一般幹部候補生課程というのは、防衛大学校や一般大学を卒業したばかりの優秀で元気な若者を幹部自衛官にするための課程です。初級幹部としての資質と知識技能を習得させるのがその目的です。同時にその中から、将来の国土、国民を守る自衛隊のリーダーとしての素地を付与することが重要です。私が自衛官になってから生まれた若者と一緒に過ごすことは、自分自身の自衛官生活を振り返る機会となりました。

さらに、師団長と総監の間に、二年近く統合幕僚学校長として勤務しました。この学校は、二佐から一佐の陸海空幹部自衛官に対する教育を担任する学校で、いわば自衛隊の最高学府であり、最後の教育機関です。つまり陸海空の高級幹部は必ずこの学校を卒業することが必要で、その意味で近い将来の自衛隊を支えるリーダーを養成する学校といえるでしょう。ですから、幹部候補生学校長であった期間に在籍した陸上の若手幹部と陸海空の高級幹部自衛官は、すべて教え子ということになります。全国のほとんどすべての駐屯地に私の教え子がいるわけで、これは何物にも代えがたい財産であり喜びです。

憲法のことは考えないようにしていた

一九二〇年代にドイツの参謀総長であったハンス・フォン・ゼークト大将の言葉として流布されている「ゼークトの組織論」があります。もともとは、ハンマーシュタインという別の将軍の言葉が原典のようですが、次のようなものです。

「将校には四つのタイプがある。利口、愚鈍、勤勉、怠慢である。多くの将校はそのうち二つを併せ持つ。一つは利口で勤勉なタイプで、これは参謀将校にするべきだ。次は愚鈍で怠慢なタイプで、これは軍人の九割にあてはまり、ルーチンワークに向いている。利口で怠慢なタイプは高級指揮官に向いている。なぜなら確信と決断の際の図太さを持ち合わせているからだ。もっとも避けるべきは愚かで勤勉なタイプで、このような者にはいかなる責任ある立場も与えてはならない」

自分が「利口」であるかはともかく「怠惰」であったのは、間違いないことです。少なくともこの格言にあるように人を見抜く、特に部下の能力を判断することは指揮官にとって非常に重要な資質であり能力です。しかし、ある程度の修羅場というか、厳しい状況を経なければ、それは身につかないのだとも言えます。

さて、約四〇年の在職間、職務遂行の上で憲法のことを意識するような場面はありませんでした。というより、考えないようにしていたのかもしれません。憲法と自衛隊の間には、とてつもなく大きな距離があるような時代でしたから、憲法は常にどこかに引っかかったようなかたちで、おそらく私の先輩方も何かを感じながら勤務されていたのですけれど、憲法のことを考えてしまうと目の前の勤務が疎かになります。ですから、憲法のことを考えないと言えばうそになりますけれど、考えても目の前の仕事がなくなるわけではないという気持ちだったのでしょう。今は、有事関連三法や国民保護関連七法をはじめ安全保障関連法も整備され、自衛隊と憲法のあいだの隙間がかなり埋まったような感じがあります。

四、自衛隊のあり方と交戦権

国民の判断で変わってきた自衛隊

「自衛隊がどうあるべきか」。このことは、実は国民が決めるべきことであると思っています。砂川事件の最高裁判決や長沼事件の控訴審判決で明らかのように、今のところ自衛隊に対する司法判断は、統治行為論というのが正しい見方だろうと思います。すなわち自衛隊が違憲か合憲かの判断は、「政治統治の基本に関する高度の政治性を有する国家の行為として司法審査の対象外とする（砂川事件上告審判決）」考えです。それを決めるのは、国民の選挙によってえらばれた国会と、最終的には国民投票による判断だということになります。

例えば一時期、大多数の国民が「自衛隊は災害救助隊でいいのだ」と思っていた時代もありました。九〇年代冷戦崩壊後は、ＰＫＯで実績を積んだこともあり、「国際的に活躍できるスマートな実力集団になるべきだ」と言われた時代があります。今はむしろ、国土防衛に期待するというか、「侵略軍と戦って勝てる強い自衛隊になってくれ」という気運があると思います。国民の気持ちは揺れるものなのです。

逆に言うと、自衛隊というのは、そういう国民意識の多面性、多様性に対応できるような存在でなくてはいけないと思います。もちろん、昔のように何もないのに他国に出て行って戦争する、領土を獲得するような戦い方をする軍隊は誰も望んでいません。一方で、「災害救助隊だけでいいのか」と聞いたら、多くの人は「いや、それだけでは困る」と戸惑うでしょう。この中間のどこかに最適値があるのだと思います。最適値といっても固定したものではなくて、ある程度の幅はあると思います。

ただ、絶対に譲れないのは、武力攻撃を受けた際、実力集団、武力集団として、いわゆる武器を持って国際法に基づいて交戦する組織が必要だということです。それはどこかに機能として残さなければいけない。ところが、この機能が憲法上、国際法上、あるいは国民の合意の中で、あまり明確な結論を持てないでいる状態にあると思います。災害派遣は経験でみんなわかっているし、どこまで期待されているかによりますけれど実績もあります。ＰＫＯも二五年以上が経って――ＰＫＯ自体が変わってしまっているので検討が必要ですが――一定の成果を出しています。だから、分からない部分は有事の部分だけです。今ここを議論しなければいけないと思います。

自衛隊と憲法をめぐる矛盾の表面化

自衛隊と憲法をめぐる問題は、自衛隊がＰＫＯに派遣されるようになって表面化しました。武器を使用するルールが他国の部隊とは異なっていたからです。

日本では武器使用というのは、「いわゆるＡタイプ」と「いわゆるＢタイプ」に分かれます。Ａタイプの武器使用というのは、自己を防衛するための武器使用です。正当防衛・緊急避難に相当します。Ｂタイプというのは任務遂行型の武器使用や、妨害排除のための武器使用と言われています。任務を遂行する上で支障があった時に、妨害を排除してでも任務を達成するために止むを得ず行使する武器使用です。

二年前に成立した安全保障法制の中で「駆けつけ警護」が可能となるまで、日本は、国外でのBタイプの武器使用を認めてきませんでした。Aタイプの武器使用に限ってきたのです。ところが国連のPKOでは、AタイプもBタイプもありません。このAタイプとBタイプを括ったものが、世界で展開しているPKOの基本的な武器使用権限のスタンダード、国連交戦規定（ROE）です。自衛隊が参加することにより、同じPKOのなかで武器使用のルールが異なる部隊がいることになってしまったのです。

カンボジアへ派遣された際、武器使用に関する通達、ROEに類するものが届きました。「これに基づいて教育をしますか」と言われたのですがやめました。隊員が理解できないと思ったからです。それは隊員の能力の問題ではなくて、それを理解させることによって、誤解や齟齬が生まれると確信したからです。憲法や国際法などの考え方の違いを妥協の産物として現場に適用しようとしても、現場の実情がそれを許さないのです。

ですから結局、それを要約して「指揮官の命令に従え」というルールにしました。「『撃つな』と言ったら絶対に撃つな」ということであり、「自分やそこにいる同僚隊員の命に係わる時だけ『自分の判断で撃て』」ということです。そして指揮官にとって重要なのは「弾は指揮官が状況を判断して渡す」ということです。これぐらいしか隊員を律する方法はなかったのです。弾を渡す権限を持っているのは、八〇名を抱える現場の中隊長です。「誰が責任を取るんですか」と言えば、中隊長になります。ですから、中隊長が現場の責任は取るから、最終的に大隊長である指揮官が「あとはおれに任せろ」としたのです。

矛盾はさらに深刻になっている

国際平和協力法は一九九二年に成立しました。その時の国連ＰＫＯと現在の国連ＰＫＯは大きな違いがあります。

私が参加したころの国連ＰＫＯは中立の立場であり交戦者ではありませんでした。しかし、国連事務総長の告示にあるように非戦闘員、すなわち現地の住民を保護することが最近の国連ＰＫＯの重要な役割であり、そのために国連のＰＫＯ部隊は、交戦者となることをためらうことがあってはならないというようになりました。ですから問題は、駆けつけ警護や武器使用の問題ではなく、国際法に従って武力を行使する交戦者となるかどうかの問題なわけです。それは、国土防衛及びその延長線上にある自衛権の問題ではありません。憲法が禁じている国の交戦権であり、武力の行使なのです。

安全保障法制の成立により、南スーダンのＰＫＯ部隊に「駆けつけ警護」が任務として付与されたことは、Ｂタイプの武器使用もできるようになったということを意味します。これまで自衛隊は、道路や橋の建設、給水活動や医療活動、輸送及び輸送調整活動しかできなかったわけですが、今後は宿営地の共同防衛や普通科部隊による監視や巡回、駐留、武器の搬入、収集、処分といったＰＫＯの本来的な業務ができるようになりました。

ところが、この場合の武器使用は、危害許容要件が付けられています。業務を妨害する者に武器を使用する場合も、いわゆる正当防衛・緊急避難以外では、相手に危害を与えてはいけないという但し書きがあるのです。自分が死ぬかもしれないという危険がない限り、相手に向かって危害を与えるような射撃をしてはいけないということです。自衛官が遂行する任務は、さらに危険なものになったにも関わらず、自衛官に許される武器の使用は、引き続き国際的な標準からか け離れているわけです。

しかも、憲法上の制約があり、国家として武力を行使するということはできないので、引き続き自衛官が個人の責任で武器を使用するという枠組みであり、武器使用の規則（ＲＯＥ）に従った武器使用の結果として問題が起きても、責任は個人の自衛官がとらなければならないわけです。例えば、日本は戦争に参加しないという建前があるため、自衛隊はどこかで捕まっても捕虜として待遇されないと過去の国会で政府が答弁しています。つまりジュネーブ条約で認められている国際法上の軍人の権限も制限されているのです。

国民のなかでの議論が必要な時

そのように考えると、国際法と憲法と法律の狭間で、派遣された自衛官が現場で三竦みになるような状況が生まれる可能性があるかもしれません。それは絵空事でなく現実の問題として生起する可能性があるので、今まさにその論議が必要だと私は思います。

海外に自衛隊が行かなければ問題にならないという考え方があります。「そもそも自衛隊は国を守る組織なのだから、自分の国だけ守ればいいのだ。海外に行く必要はない」という主張です。

しかし日本は、自分の国だけを守るだけでは生き残れません。年間二〇〇万人以上の日本人が海外へ出て行きます。そして、日本の資本は世界中に展開し、多くの日本人が海外で活動しています。アルジェリアのイナメナスという天然ガスプラントで起きたテロ事件のように、その対処は当該国の治安機関に委ねるしかないわけですから、国家として海外にいる邦人をどうやって守るのかを考えておかねばなりません。「それは自己責任なのだから、放っておいていいのだ」ということであるなら、それはもう「法治国家」と呼べないのではないかと思います。

日本防衛の際の交戦権にも矛盾がある

海外ばかりでなく、日本防衛のことを想定しても、考えるべきことはあります。防衛出動の場合、どんな問題があるのか考えてみましょう。

防衛出動を命ぜられた自衛隊は武力を行使します。海外派遣の場合は、個々の自衛官による武器の使用となっていますが、防衛出動の場合は、部隊として指揮にもとづき武力を行使するのです。海外から我が国に侵略した国家と交戦するわけです。

ところが憲法には「交戦権を認めない」と書いている。そこがそもそも矛盾です。そこで政府は、「憲法で書いている交戦権というのは、わが国を守るために発動された自衛権のことではない」と解釈してきました。そうなると「それは国際法上の交戦権と概念が違う」という話になってくるのです。

ですから、先述したように、憲法上の概念と、国際法上の概念と、安保条約や各種の法律があって、実際の現場で動く自衛官は必ず混乱する状況になる時があると思うのです。最も典型的な例は、日米が共同して侵略してきた他国の軍隊と交戦する場合です。もちろん米国は条約に基づいて日本を守るために武力を行使するでしょう。しかし、米軍は国際法を遵守しますが、例えば、日本が批准している国際刑事裁判所（ＩＣＣ）条約を批准していません。因みに国際刑事裁判所条約は、常任理事国である米国、ロシア、中国が批准していません。すなわち戦闘に付随して生起した個人の犯罪を裁く裁判所において、日本の自衛官は法廷で訴追されるのに、同じ当事者である米国の軍人もロシアの軍人も中国の軍人も裁かれないという状況が生起するかもしれないということです。

集団的自衛権の容認でさらに難しく

しかも、領域内の防衛出動ならまだ説明ができますが、安全保障法制で新しく概念規定された「存立事態」での出動も防衛出動なのです。いわゆる集団的自衛権の一部を行使する事態であり、法律では「我が国と密接な関係にある他国に対する武力攻撃が発生し、これにより我が国の存立が脅かされ、国民の生命、自由及び幸福追求の権利が根底から覆される明白な危険がある事態」によって行動する場合に、国際法をどのように適用するかあいまいな部分があるのではないかと思います。

このような事態に対応するための防衛出動は、ハーグ陸戦法規における交戦権とどのような関係があるのでしょうか。憲法学者は「国際法のことは専門外だ」と言い、国際法の専門家は「国際法はこうなっているけれど、自衛隊法や憲法については専門じゃない」と言うのが現状です。

これは現場の人間にとってみれば、とんでもない話なのです。現場の自衛官は、国際法上の軍人たる地位のもとで国際法を遂行する実態があるにもかかわらず、国際法と矛盾する日本国憲法の規定に縛られているのです。自衛隊法に基づく実施計画や、実施規定、ＲＯＥ（交戦規則、部隊行動規則）にも縛られている。現場は非常に曖昧だと思います。

「存立事態」は海上自衛隊にとっても大問題です。何故なら、アメリカの艦船が武力攻撃された時に海上自衛隊がどうするのかが、想定されている主要な問題の一つであるからです。海上自衛隊は、そのときミサイルを撃つのです。しかし、日本の法律に従えば、正当防衛、緊急避難以外では、相手に危害を与えてはいけないわけです。危害を与えないようにミサイルを射撃することが軍事行動としていかに難しいことであるか、分かるでしょうか。

ここでも、海戦に関する国際法規と、日本の憲法と、日米安全保障条約や自衛隊を規定する各種法律の枠組みの中で、曖昧な状況が現場の海域で起きるわけです。冗談で「遠くの海にいるので、陸上からは見えない」と笑うことがあるのですけれど、それは許されない。現在は、衛星画像なりドローンで簡単にメディアでも確認できるので、国際法に違反したら分かってしまうのです。陸上自衛隊の場合は、もっと問題になります。衆人環視の中で作戦を遂行するわけですから。

政治が責任をとってくれるのか

安全保障法制が成立して、日本が侵略された時の法的な備えをめぐっては、以前のように法的欠落はなくなったものの、まだ疑問が解決したわけではないと言わざるをえません。例えば、自衛隊の武器使用を律するＲＯＥ（武器使用基準）はありますが、それは武力行使に至る前の段階までであって、武力行使段階におけるＲＯＥ（交戦規則）はありません。まさに「交戦規定は交戦権に基づく」という解釈があるからです。

自衛権に基づいて武力の行使が許されるのだから、当然、武力を無制限に行使してよいのだということにはなりません。その場合、どのように武力行使をコントロールすべきなのか、交戦権がないのだから交戦規則もないということなのか。あるいは、これから整備されていくものなのか、おそらく、それこそがシビリアンコントロールの本質なのです。

一定の交戦規定に沿って武力が行使されていれば、たとえ予期せぬ危害が生起した場合でも、自衛官個々の責任は問われません。武力の行使が段階的に政治によって制限されているからこそ、政治が戦争をコントロールできるのであり、自衛隊の行動は信頼されるものとなるのです。これまでは、何か起これば現場の自衛官の責任だったわけです。「使えないＲＯＥは、あってもなくても同じだ」と思うことはかえって危険なのではないでしょうか。

もし政治が責任を取ってくれるならば、現場は目の前の作戦に集中することができるでしょう。しかし現状は、現場の指揮官なり、実際に武器を撃つ本人に結果責任を負わせるようになっている。だから、「国の交戦権が認められようがそうでなかろうが、ROEなどあろうがなかろうが、結局、現場が責任を取るのだ」というところに行き着いてしまうのではないかと思うのです。

五、「ないよりはまし」な加憲案だが

安倍首相の加憲案が提唱され、現実味が増してきたからでしょうか、それをどう考えるかと質問される機会が増えました。難しい問題です。

「ないよりはまし」だが

私が最近よく言うのは、「ないよりはましですね」というものです。これは自衛官OBとしてではなく、一人の国民としての感情です。憲法に自衛隊がまったく規定をされていない、記載されていない状態に比べれば、少しはましかなぐらいの程度です。少なくとも「自衛隊は違憲」と

指摘されることがなくなるわけですから、確かに自衛隊や自衛官にとっては大きな変化でしょう。

しかし日本という国家にとってはどうでしょうか。

「それによって自衛隊は変わりますか」と聞かれたら、「何も変わりません」と言うことになります。「何か自衛隊の行動が容易になりますか」と聞かれたら、「何も容易になりません」と答えざるを得ません。そう答えると、「じゃあ、何も変わらないのだったら、憲法をどうしたらいいのですか」と問われます。その回答は、我々国民が自衛隊に何を期待するのか、それにかかっていると思います。

「自衛隊が憲法に書かれていないから、何とかしなければならない」、「このままの憲法では、自衛官の方々に申し訳ない」。そういう声も聞きます。そのような配慮は自衛隊にとってありがたいことです。

しかしながら、憲法に自衛隊という言葉を記載するだけが憲法改正の本旨なのでしょうか。自衛隊、自衛官をどう処遇するかよりも、国土の防衛と国民の安全を憲法によってどう保障するかの方がはるかに大事です。考えるべきは日本の独立と平和を守ることを憲法にどう規定するかということだと思います。その中に自衛隊の存在があり、シビリアンコントロールの在り方もあるのです。そのための議論こそがなされるべきではないかと強く思います。そのような憲法改正議論になっているのでしょうか。現時点ではそう見えないことはとても残念なことです。

現状でもいいと言われれば……

自衛官になって退官するまで四〇年、私が生きているうちに憲法が変わるかもしれない、自衛隊は違憲だと指摘されるようなことがなくなるかもしれない、そんな時代が来るかもしれないとは夢にも思いませんでした。

逆に言えば、「七〇年もこの状態だったのだから、それでいいじゃないか」と言われれば、「それでもいいか」というふうにも感じるのです。

実は、私の息子も自衛官という職業を選んでいます。息子が、私が経験したカンボディアPKO以上の経験をするかもしれないと思うと、人ごとではありません。それはそうなのですが、私も息子に対して一度も「自衛官になれ」と言ったことはありませんので、「自分で選んだ道だから自分で責任を取りなさい」というだけの話です。

この問題は難しいのです。しかし、憲法の問題を政争の道具としてはならないと考えます。国民一人ひとりの問題として取り上げなければならないのですが、これまでの憲法をめぐる議論を見ている限り、日本の安全保障をどうするのか、そのために自衛隊をどうしていくのかという議論になりそうな気配はありません。

そうなると、どのような結論になろうとも残念です。国民投票で加憲案が可決され、憲法が変わって自衛隊が憲法に規定されても、自衛隊の実態は何も変わりません。加憲案が否決され、現行憲法がそのまま続くとしても、問題はまったく解決をされず、自衛隊も宙ぶらりんのままなので、それはそれで非常に残念です。

これは、国民の問題なのです。国会に限らず、正しい真っ当な議論が巻き起こってほしいのです。自国開催のオリンピックが生きているうちに二回あったのだから、もしかしたらその可能性もあるかもしれません。それを期待したいと思います。

II

自衛隊についての本質的議論を期待する

山本　洋（元陸将）

一、自衛官を志した動機

職業欄に「自衛官」と書けなかった時代

私は昭和三〇（一九五五）年一月一四日、鳥取で生まれました。

父はいわゆる予科練（海軍飛行予科練習生）崩れでした。旧制鳥取商業学校卒業後、昭和一九（一九四四）年四月一日に海軍二等飛行兵として美保海軍航空隊に入隊しましたが、潜水学校柳井分校（特攻潜水艇「蛟龍」要員）で終戦となり、戦地へ行くことはありませんでした。しかし、同期の桜が一言ずつ認めた父のメモ帳が我が家に残っていて、表紙には「生死を共にした戦友の言葉（廃戦別れの詩）」と自著されていることを付け加えておきます。

戦後、代用教員などで日銭を稼いでいたようですが、警察予備隊が発足した昭和二五（一九五〇）年の九月二二日、広島管区警察学校（大竹）に入隊して以来、昭和五二（一九七七）年一一月一六日の定年退官までずっと自衛官という経歴の持ち主です。したがって、父親のいろんな意味での影響がなかったとは言えないと思います。

小学生の頃と記憶しますが、学校に出す書類などで父親の職業欄があり、そこに「国家公務員」と書かれているのです。おそらく母が記入したものと思われますが、「あれ、うちの親父は自衛官のはずなんだけれどなあ」、「そういう言い方をするんだな」と思ったことが印象に残っています。私自身が石を投げられたとか、税金泥棒と言われたという経験は、自衛官時代も含めありませんでしたが、そういう社会の雰囲気があったのだろうと思います。

父親は、私が六歳の頃（昭和三六（一九六一）年四月一日）、鳥取地方連絡部——今は地方協力本部と名称が変わりました——勤務となり、広報官として自衛官のリクルートをやっていました。私の小学校時代の同級生や先輩、後輩からも数名は入隊しました。その同級生のうち定年まで勤めたのは私を除くと一人だけですが。

部下を親の死に目に逢わせるのは父の影響

あとの時代のことになりますが、私が自衛官になって忙しくしている頃、弟の結婚式がありまして、試験も目前に迫っていたため、親父に「行けない」と言ったのです。そうしたら親父からは、「戦争をしていない自衛隊が実の弟の結婚式にも出られないほど忙しいのか」と怒られ、「それはそうだよな」と思いました。披露宴の前日に夜行寝台列車の「出雲」に乗り、朝鳥取に着いて午後の披露宴に出て、また「出雲」に乗って戻ってきました。自衛隊員は、「いざという時」には家族がどのような状態であってもその責任を果たさなければなりませんが（「服務の宣誓」については後程ふれます)、だからこそ平時においては社会人としての責任を果たさなければいけないと親父に教わったのです。

それ以降、私は隊員たちにもそのような考え方で接してきました。四国で中隊長をしていた時代は、四国には大きな演習場がないので九州にまで出向くこともあるのですが、演習参加中の隊員の親族に危篤の連絡が入った時は、演習途中でも最寄りの駅まで中隊長の車を使って送らせたこともありました。また、重要な演習であってもその直前に親御さんの危篤が懸念されるような場合は、本人が演習に参加したいと希望しても、「命令だ」と言って部隊に残しました。私のそういう場合の判断基準は、やり直しがきくかどうかです。「親の死に目に逢えなかったから、もう一回死んでください」というわけにはいかないということでした。

「国際平和への道標」を演説会で

高校を卒業して防衛大学校(防大)に入るのですが、その高校時代は、地方の平均的な県立高校生だったと思います。七〇年安保の年に入学したのですが、鳥取は全体的には保守的な土地柄で、革新的な盛り上がりがあるような土地柄ではありませんでしたし、かといってそういうことを排除するような考えを私が持っていたわけでもなく、政治には無関心で過ごしていました。

ただ、政治経済の授業で先生が紹介してくれた本のなかに、西内雅さんの『日本の防衛――思想・政治・経済武力戦の脅威と抑止』というものがあり、それを当時購入して熱心に読んだことは覚えています。ソ連の共産主義の脅威だとか、過去の戦争などを紐解きながら、「日本の防衛かくあるべし」と警鐘を鳴らした本で、いま読むと「どこに感動したのかなあ」と不思議なのですけれど、当時の自分がそういう問題について考える、一つのきっかけではあったと思います。

三年生の学園祭の時、演説会のイベントがあり、一〇人ほどの弁士の一人として参加しました。最近、要らないものを処分していてアルバムで見つけたのですが、私の演題は「国際平和への道標」というものだったのです。大層なタイトルですけれど、何をしゃべったのか、中身はまったく覚えていません。

いずれにせよ、ごくごく平均的な生徒だったと思っています。進路選択にあたっては、家系には教員も少なくなかったし、「特に幼い頃の教育は大切だ」と思うところがありまして、担任の薦めもあり鳥取大学の教育学部（小学校教員過程）も受験し、合格したのです。しかし、親父の影響なのか、私が子ども心に親父に気を遣ったのか分かりませんが、「国防に関わるというのは男子の仕事として大いに意義のあることだ」と考え、結果的には防衛大学校へ行こうという気持ちを固めたということです。

しかしながら、これも最近片付け物をしていてついつい読み入ってしまったのですが、防大入校直前の当時の日記には「日本の矛盾の中に身を投じようとしている」、「問題意識が高まっている」とか「いざ自分の道に第一歩を踏み出すとなると、やはり何とも言えぬ気持ち」、「問題そのものの中へ飛び込むようなもの」といった記述があるので、憲法問題についてはそれなりの問題意識を持っていたことが窺われ、我ながら感心したところです。平均的な生徒だったかどうかは疑問符が付くかもしれません。

二、防衛大学校での日々

卒業論文のテーマは中ソ対立

私が入学した昭和四八（一九七三）年まで、防衛大学校というのは理工科系のいわゆるカレッジでした。翌四九（七四）年になって、「国際関係論」と「管理学」という二つの文科系の学科（防大では「専攻」と呼んでいました）が新設されたのです。二年生に進級する時に、そのうちの国際関係論を選び、卒業まで学ぶことになります。ただ、大学設置基準に基づいてカリキュラムが組まれているのですが、学位が貰えるようになったのは平成三（一九九一）年度以降のことで、私には学位はありません。学歴は高卒ということになります。

卒業論文のテーマは中ソ対立です。副題は「戦争と平和に関する一考察」というものでした。当時、あまり真面目に見た形跡はないのですけれど、『世界週報』とか『国際問題』、それに『共産主義と国際政治』とか『今日のソ連邦』などの雑誌を購読していました。

なぜ中ソ対立を選んだかといえば、共産主義というイデオロギーを分析しようと思ったからでしょう。とりわけ中国は大国で、王朝、民族が繰り返し入れ替わるような歴史の国ですから、それを毛沢東が治めようとした時に、能力に応じて働いて、希望に応じて受け取るというような、共産主義のイデオロギーを看板に利用する以外に手段がなかったのではと思いました。そんな立派な人間には簡単になれないので、矛盾だらけのイデオロギーなのですけれども。

憲法学の科目もありました。今でも健筆をふるっておられますが、西修先生が赴任してこられて、まだ日も浅い頃だったと思います。『国の防衛と法』とか『憲法講義』とか『口語防衛法』などが教科書でした。印象に残っているキーワードが「芦田修正」です。ちょうど入学した昭和四八（七三）年に長沼裁判の第一審判決があり、自衛隊が違憲の存在だとされ、ショックを受けた同期生もいるのですが、私としては「芦田修正で解釈として合憲になるのだ」ということが西先生の講義で示され、「ああ、そうなんだ」と感じました。もちろん、憲法九条を普通に読めば「それはウソでしょ」という部分は残るわけですが、「そういう解釈があるならそれでいいか」という受け止めでした。

一方、「統治行為論」のところでは、自衛隊に係る憲法問題は高度に政治的な事柄で司法は関与しないというのですから、「防衛問題というのは政治問題そのものなのだ」と理解しました。防大卒業後に感じたこととごっちゃになっている部分があるかもしれませんが、非常に厄介で、難儀なことだという認識は持ちました。

「この仕事は誰かがやらなければいけない」

防大時代に培われたのは、大げさな言い方になりますが、「世捨て人」としての職業観です。「服務の宣誓」のことまで意識していたかどうかは明確に記憶していませんが、仲間内では、「防大を出れば自衛官になるのだ」、「自衛官というのは、いざという時には鉄砲を持って出ていくのだ」「いのちをかけても守るものがあるのだ」と言い合っていたことを記憶しています。

七〇年代までは、世間一般には税金泥棒と言われた残滓があったと思います。しかし、「やはり、この仕事は誰かがやらなければいけない」という気持ちがありました。一億の国民みんなが朝から晩まで防衛のことを考えている必要はないけれども、誰かがやらなければならず、「その誰かに俺はなるんだ」という感じでした。

もう一つ防大時代のことで印象に残っているのは、一年生の早い時期だったと思いますが、担当の教官の訓話で聞いた話です。自衛隊を忌み嫌う世の中の風潮をふまえてのお話だったと思いますが、「自衛官は平和主義者なんだ」、「いちばんの平和愛好者なんだ」というお話をしてくれたのです。「自衛隊に行く人は好戦的な人ではないか」というような社会の風潮があったわけですが、「事が有ったら我々自身が真っ先に行かなければならないわけだから、好んで戦争なんかするわけがないじゃないか」というお話だったのです。強く覚えています。

三、レンジャーで始まり、南スーダンの司令官で終わる

私の経歴は、ざっくり整理すると、冷戦期の前半と冷戦崩壊後の後半に分かれます。年数的には前半のほうが短いですが。

レンジャーの教官資格をとって

冷戦期というのは、世界中もそうだし、日本や自衛隊もそうでしたが、非常に変化の少ない時代だったと思います。とりわけ私が自衛官になった時は、すでに防衛力整備計画の第三次、第四次が終わり、陸上自衛隊で言うと一八万人体制が出来上がったあとでしたので、自衛隊の戦力造成の目標を一定程度は達成した時代だったからということもあります。のちに言われたことですが、「自衛隊が存在することに意義があった時代」でした。

防大を卒業してから、OCS（幹部候補生学校）を経て、最初の任地は北海道の留萌でした。小隊長を経験します。

当時、全国の普通科（歩兵）部隊では隊員にレンジャーの訓練をするのですが、自分自身がレンジャー隊員となって教官の資格をもらわないと訓練することができないので、富士学校へ行って教育を受けます。そして、部隊へ帰って今度は自分が選抜された隊員に対してレンジャーの訓練をしていたのです。

その後、CGS（指揮幕僚課程）履修のため三一歳で幹部学校に入校しました。日本陸軍でいうと陸大に該当しまして、選抜試験に合格しないと入れないので、それなりに勉強しました。昭和六三（一九八八）年八月、卒業と同時に普通科中隊長という、一〇〇人余りの部下を預かる指揮官になり、四国の善通寺へ行きました。この辺のことは一九九〇年までで冷戦末期です。

存在することに意義があった時代が終わって

冷戦後、平成二四（二〇一二）年まで自衛官を務めました。その期間は一言で言えば変化の激しい時代でした。中国や北朝鮮、ロシア、テロなど対処しなければならない問題が次々と表面化します。さらにこの時期は、存在することに意義があった冷戦期と異なり、ＰＫＯや災害派遣など、自衛隊が行動することによって評価される時代になったと感じます。

一九九〇年から一〇年間ほど、当時は六本木にあった陸上幕僚監部で、幕僚として仕事をしました。最初の三佐の頃にやったのは後方運用の仕事です。これは、部隊をどう動かすかという作戦運用と違って、兵站（たん）といって作戦運用に付随する後方支援の運用をするセクションでした。

二佐の頃には人事計画という仕事をします。ここで、隊員の身分・礼遇にかかわることについての問題意識を持つことになります。

一佐になった時には班長という職務で訓練にかかわる仕事です。「陸上自衛隊全体でどういう目標を立て、どういう訓練をやり、どう実施していくのか」というような仕事をしました。その後、一〇年ぶりに再び部隊に出て秋田で連隊長をやり、幹部学校に戻ってＣＧＳの教官室長を務めます。次には総監部の人事部長です。

将補になって最初の仕事は、二五年ぶりの北海道で、旭川の副師団長でした。その次はまた陸幕（市ヶ谷）に戻り、監察官をやることになります。

指揮官のマネージメントを監察する仕事

「監察」という仕事は何をやるのか。自衛隊という実力集団の指揮官というのは、それぞれ与えられた責任と権限があります。連隊長には連隊長、師団長には師団長の責任と権限があります。この権限が乱用されると、組織がうまくいかなくなります。ですから、その責任と権限が適切にマネージメントされているかをチェックしなければなりません。それが監察の仕事ということになります。

これは、コンプライアンス（法令遵守）とは違います。ですから、たとえば「予算、経費、国費が適正に使われているかどうか」というようなことは、別の部署がやります。機密の管理のようなものも別です。

ここで言う監察というのは、じつは米軍から輸入した制度でして、英語で言うとインスペクター・ゼネラル（inspector general）ということになります。インスペクト（inspect）というのは、辞書では「検査」と書いてあるはずです。陸海空ともに自衛隊には監察官がいまして、定期的にそれぞれの指揮官のマネージメント全体を監察し、部隊・隊員の団結、規律、士気の状態を見るのです。隊員が非常に高いレベルで充実感を持って、満足感を持って、指揮官に対する不平不満なく、団結して、日々訓練に励んだり、いろんな活動をしているかということを見るのです。そのために事前に指揮官と面談もしたりします。そういうやり方をすることによって、何かことが起きてから乗り込んで対処するというのではなく、事件事案を「予防」するような役割を持っています。

指揮官というのは、わがままになりがちです。例えば、連隊長に対して、隊員はもちろん地域の人たちもみんな大事にしてくれるのですが、それは連隊長個人が偉いからではなく、肩書が連隊長だからに過ぎません。でも、人間は弱い存在ですから、ついついそこを勘違いしてしまうのです。そういうことも含めて、隊員からいろいろな声を聞いたりしながら、「そういう乱暴なことはやっていないだろうね」とか、「セクハラやパワハラはしていないだろうね」と指揮官を監察していくわけです。昔は隊員が勝手に忖度して、「余計なことを言うんじゃないぞ」と締めつける時代もあったのですが、最近の隊員は結構自由に発言し、行動するようになっています。

そのあとは仙台の東北方面総監部に行き、総監のもとで幕僚長というナンバーツーの仕事をしました。東北方面隊全体のいろんな活動の司令塔として仕事をさせてもらいました。

陸将になってからは、千歳で師団長をやり、富士学校長もやらせていただきました。そして最後は中央即応集団（ＣＲＦ）の司令官（第五代）で任務を終えるということになります。

南スーダン派遣自衛隊の最初の責任者となる

中央即応集団司令官として忘れられないのが、南スーダンに派遣された自衛隊の統括責任者を務めたことです。平成二四（二〇一二）年一月から自衛隊が派遣されたのですが、その最初の責任者だったのです。

南スーダンという国は、平成二三（二〇一一）年にできたばかりで（二〇一一年七月九日に独立宣言、同七月一四日に国連総会が独立承認（国連第六五回総会決議第三〇八号））、世界中で一番若い国です。その国の国造り支援をしようということを合い言葉に、隊員たちは活動を開始しました。気温四〇度を超えるアフリカの地で、水は飲めず、マラリアの危険もある中でのテント生活です。どうすれば隊員が生きていけるか、というところからのスタートでした。

自衛隊が国際社会から高い評価を得ているのは、道路や水道などのインフラ整備の仕事です。日の丸を背負って行く以上、南スーダンの国造りに施設部隊の能力を発揮し、日本の貢献を最大限アピールできる任務が割り振られるよう、国連南スーダン派遣団（ＵＮＭＩＳＳ）に積極的に働きかけました。隊員もその仕事に誇りをもって取り組んだと思います。

具体的には、派遣されたのは施設隊でしたので、もっぱら施設活動を中心に活動をしました。凸凹の道路の整地や側溝整備などです。あるいは避難民の避難施設をつくるため、敷地の造成とか設計図の作成、入手できる建設材料の調査などを行いました。

自衛隊がドブさらいをしているというような言い方をされる方もいますが、そういうようなことはありませんでした。施設隊の隊員たちは非常に高い能力を持っておりますので、大変緻密な作業をしてくれます。

現地で評価を受けた自衛隊の土木工事

自衛隊の仕事には、段取りの仕方とか、仕事の計画の緻密さとか、日本人ならではの良さがたくさん表れます。防衛省には建設系の技官という方達がおりますが、彼らが大変いい仕事を南スーダンでしました。避難民の一時避難場所となる建物を建てるにあたり、現地で入手できる材料はどんなものがあるかということを丁寧に調べたり、その工程管理もしっかりやるというようなことです。一方で、自衛隊が採取した砂利を道路整備の現場まで運搬する際には、現地のトラックを使うのですが、現場に到着しないこともありました。隊員たちはそういった苦労をしながら日々の活動を継続したのです。

先ほど側溝整備にふれましたけれども、現地には側溝を掘るという文化というか、概念それ自体、自衛隊が派遣されるまでなかったと思われます。平成二三（二〇一一）年夏のUNMISS設立以降、ジュバ市内に逐次都市型生活者が増加し、各種の社会インフラ整備が求められるようになります。したがって自衛隊のそういった一つひとつの土木工事自体が、地元住民の皆さんにも大変喜ばれ、高い評価を受けたということです。共同して作業する機会を通じて、現地に側溝を掘る文化のようなものが根付くことを願いながら任務を遂行しました。

隊員と現地の方々との交流の大切さも痛感しました。

われわれは、国連のミッションの中で活動をしていますから、誤解があるといけないのですけれども、現地の方との交流は本来の任務ではないのです。言ってみればボランティア的なものです。それでもわれわれは、その地域の子どもたちに文房具を配るだとか、あるいは文化交流をするだとか、そういう努力をしました。

ここの部分というのは、地域の人たちに日本を知っていただくとか、あるいはそういった二国間の関係をより強固にするという観点では、些細なことかもしれませんけれども、非常に重要で、そして効果的な影響力のある活動だと思っています。形だけの交流ではなくて、いろんなやり取りがあって、そのなかでそういう姿を通じて日本人というものを現地の人たちは理解すると思うのです。したがって、ここに対するいろんな制度的な基盤、裏づけというものをできるようになれば、もっともっといい活動ができるのではないかと感じています。

法律が不備なまま自衛官を出すのはやめてほしい

南スーダンではその後、武力衝突が激化し、情勢が悪化しました。それと併行して日本では新安保法制が成立し、自衛隊に「駆けつけ警護」の任務が付与されたので、大きな論争が巻き起こります。すでに自衛隊が撤退したことはご承知の通りです。

誤解を怖れずに言えば、過去のＰＫＯにおいても、自衛隊が駆けつけ警護に近いような仕事をすることがありました。例えば東チモールでは、隊員を助けに行くという名目で、隊員と一緒にいる民間人も助け出しました。「現場にそんな権限はないはずだ」と割り切れれば苦労はないでしょう。しかし、現場ではＮＧＯなどの民間人も活動しているわけで、様々な事態を想定しておくことは欠かせません。ですから、現場の指揮官は、法的に許されるかどうかギリギリの範囲で悩みながら、いろいろな判断をしてきたのです。

そういう意味で、駆けつけ警護は新任務の付与というよりは、「権限」の付与と捉えるほうが実態に近いでしょう。「自衛隊は一切、海外に出て行くな」というなら別ですが、国際貢献として自衛隊を派遣する以上、法律の不備を残したまま送り出すのはやめてほしいと思います。

もちろん、たとえ国連から要請があっても、隊員の安全が守れないと判断するなら、行かないという選択肢もあり得ます。派遣された指揮官の胸にあるのは、部下を全員無事に連れ帰ることです。国民が納得できる制度のもとで信頼を受けて派遣されてこそ、隊員は励みに感じ、活動できるのです。

四、在任中に感じた憲法問題

在任中、憲法問題を強く意識したことは、あまりなかったと思います。しかし、憲法とも関連するようなことでは、いろいろな体験がありました。

難儀だと思った武器使用問題

小隊長時代は、国民のみなさんもソ連の脅威を感じていて、自衛隊が役割を果たすことが暗黙の了解事項だったと感じていました。ソ連軍を念頭に置いて、いろんな戦法研究が行われており、私自身も参画しました。ソ連軍の機械化部隊はどんな戦い方をするかを検証し、我々がどんな準備をしたらうまくいくのかを研究していたわけです。

昭和五四（一九七九）年に発行された法律誌『ジュリスト』が私の書斎に残っています。「憲法と緊急権」の特集でして、無意識にではあったのでしょうが、そういうことへの関心とか問題意識は持っていたのだと思います。特集では一年前の栗栖発言を契機としてこのテーマを選定したことが序文に述べられており、冒頭には「有事立法」に否定的な立場の小林直樹氏（当時、東京大学教授）の論考が掲載されています。今般の改憲論議においても緊急事態への対処が論点の一つとなっており、今にして思えば極めて重要な問題に関心を持っていたことに我ながら驚かされます。ただ当時、現実の自分の仕事は、若い隊員たちと毎日一緒に汗を流して訓練をするというものでしたので、そんなに深く勉強をした記憶はありません。

若い頃は何か月かの研修のようなものが繰り返されます。それらのなかで印象に残ったのは、治安出動とその際の武器使用権限のことです。治安出動の場合の武器使用は、いわゆる警察比例の原則と言って、警察官職務執行法が準用されることになっています。それを教官から教わるのですが、武器を使用するのは「相当な理由がある場合だけ」とか、「必要と認められる限りにおいて」とか、「最小限度に止める」とされているのです。当時、「わあ、なんと厄介なことか、難儀だなあ」と思いました。現場に出たとして、誰がどういう基準で判断するのだろうと、素朴な疑問を抱きました。教官に食ってかかったほどではないけれども、「具体的にどうすればいいんですか?」と尋ねた記憶はあります。

指揮幕僚課程で学んだこと

三〇代前半の頃過ごしたCGS(指揮幕僚課程)は、二年間の研修期間がありました。このあいだにいろいろなことを勉強します。

メインは部隊運用ですので、戦いの原則事項をシミュレーションするのが主な勉強です。その前提は、防衛出動です。場所は当然、日本国内であり、ソ連でもなければ朝鮮半島でもなければ中国でもありません。ですから、国民のみなさんが住んでいる場所を想定したシミュレーションなのですが、すでに全員が避難していることが前提になってスタートするのです。純粋に戦いの原則的なことや状況判断(一貫性のある思考)についてケーススタディーをしながら学んでいくのです。

そのほかに、防衛法制、防衛行政を含めいろんなことを幅広くこの二年のあいだに勉強しました。昭和五九（一九八四）年に防衛学会が発行している「新防衛論集」誌で、「北方前方防衛論」（西村繁樹）が打ち出されたことを記憶していますが、これはソ連を念頭に置いた防衛論で、そういうものを学んでいたわけです。

最初の一発は誰がどういう手順で撃つのか

この頃、とくに記憶に残っているのは、「ビッグガン」と呼んでいた問題です。何かと言えば、当時ごく限られた仲間内の会話の中で出てきたことですが、「防衛出動の場面では、最初の一発を、誰がどのような手順で撃てと言うのか」という話です。「ビッグガン」というのは日本でも公開された一九七〇年代のアクション映画のタイトルです。おそらく「引き金を引く」という意味合いで隠語的に使っていたのではないかと思われます。

今日ではグレーゾーンの時はどう対応するのかということが話題になるのですが、実はそもそも防衛出動であったとしても、当時からいくつかの問題点が指摘されていて、たぶん今も解決されていないのです。

防衛出動ですから、相手からの武力攻撃やそのおそれがあって出動するわけで、それなら防衛出動が下令されており、自衛権発動の三要件を満たすような時点で「引き金を引いていいよ」という理解なのかもしれません。しかし、そこにはいろいろな理解が存在していて、「こうだ」というものが必ずしも示されていないのです。

自衛隊法上、武力の行使が許されるのは防衛出動の時だけです。この際は命令にもとづいて武力を行使するのです。治安出動やPKO等では、指揮官たる自衛官の命令による武器の使用とされています。言葉の使い分け上はそういうことになるのでしょう。

しかし、「下令をされた時点で引き金を引くのはOKだよ」ということになっても、それは現場の指揮官にゆだねられるのか、それとももっと上の指令を待つのか。そのあたりが明確ではありません。

あるいは、日本が武力攻撃されるといっても、日本列島全部に相手の軍が押し寄せてくるということはなくて、当時、私たちが想定していたのは、北海道のたとえば稚内とか、石狩湾とか、まずはそこに来ることを念頭に置いていました。そうすると、北海道では現場の指揮官の命令で引き金を引くけれども、九州に小さな部隊がやってきて、相手はまだ引き金を引いていない場合、こちらが先に撃てるのかという問題もあります。

自衛隊法第八八条のとおりだということなのですが、細かくいろんな事態をシミュレーションしていくと、現場にはやはりそういう問題は残っているのです。

ソ連が占領した時のレンジャーの任務

CGSの時には研究論文を書くことが課されます。私が書いたのは、「戦争終結手段としての『遊撃戦』に関する一考察」というものです。

私は若い頃からレンジャーをやってきまして、これは今風に言うと特殊作戦と捉えることもできますが、本来の特殊作戦からすると陸上自衛隊がやっているレンジャーというのはすごく限られたものです。しかし、長くやってきたということもあり、さらに現実のことを考えると、弱者の戦法を深める必要があると思ったのです。

当時のソ連軍の侵攻兵力を考えれば、自衛隊がまともにぶつかってもまったく間に合わない。北海道のことを想定しても、攻勢的・攻撃的な作戦はなかなか取れないのです。やはりどちらかと言うと防勢的・防御的な行動をせざるを得ないわけですが、防御的な行動だけをしていたのでは、侵略してきた敵軍を追い払うことまではできないのです。

だから、侵略してきた敵を相手にして戦争を終わらせるとすれば、最後まで抵抗する以外にはないのです。相手が攻めてきて、かなりの部分が占領されていたとして、自衛隊の主力部隊、あえて言えば正規部隊はある程度下がり、どこかの線で対峙することになるわけです。たとえばの話ですけれど、留萌と釧路の線でもいいです。そこまではもうソ連軍に占領されているとする。しかし、その状態が長引いて、「完全に参りました」、「ここから北にはもう日本人はおりません」ということになっては、終戦交渉が行われても、領土が返ってこないことになりかねません。

そこで、レンジャーの「遊撃戦」の出番になるのです。占領された所にレンジャー部隊が入り込んで行って、平たく言うとゲリラ活動を繰り返すのです。占領された所ではあるけれど、そこでレンジャーが抵抗を繰り返すことによって、事実上の国境線を引かせないようにする。「北海道は日本の領土だ」という抵抗の意思を示して、政治的な交渉を有利にしていくということです。今から考えると幼稚ですけれども、そんなことを考えていました。

韓国で日本との違いを感じる

韓国の板門店を訪ねたのもこの頃です（昭和六二（一九八七）年）。公務ではなかったのですが、個人的にずっと関心があって行ってきました。南侵トンネルも見る機会がありましたし、監視哨にも行きましたし、韓国陸軍初の大将で朝鮮戦争では第一線で戦った白善燁（ハクゼンヨウ）氏とも懇談をする機会があり、非常に貴重な経験でした。

やはり日本とは違うというのが実感でした。現在は緊張がだんだん薄れてきていて、南北のいろいろな会談も行われるようになってきましたが、朝鮮戦争は休戦状態に過ぎず、当時はまだまだ「ああ、やっぱり戦争をしているんだな」と感じさせるものがあったのです。街の中のビルディングの屋上には鉄条網が巻かれているとか、土嚢が積んであって対空機関銃が置いてあるとか。

板門店へ行く道路脇にはいたる所に壕が掘ってあります。今でも同じだと思いますけれど、道路の上に歩道橋みたいなものがあるのです。道路がクロスしているように見えていて、両側に道路がないのです。なぜかと言えば、北から攻められた時にそれを破壊して障害物にするのだということなのです。直接は日本の憲法問題とは関係ありませんが、いい経験をしたと思います。

いずれにしても、この時期『自衛隊改造論』(麓保孝・栗栖弘臣)、『私の防衛論』(栗栖弘臣)や『有事立法が狙うもの』(軍事問題研究会)などの著書を読んだ形跡があります。憲法に関連する問題意識の原点であったように思います。

防衛法制の不備を感じる

冷戦後の陸幕の時代は、防衛法制の不備を感じた時代でもありました。例えば、自衛隊法の一〇三条の問題です。

一〇三条は自衛隊が防衛出動する際の土地の使用、物資の収用等を定めたものです。第一項で「自衛隊の行動に係る地域」の手続き、二項では「自衛隊の行動に係る地域以外の地域」での収用等の手続きが定められています。我々はこれを「一項地域」、「二項地域」と呼んでいるのですが、仮に北海道にソ連軍が来たとして、じゃあどこまでが一項地域で、どこからが二項地域なのかという問題があるのです。

九州は常識的に一項地域ではないでしょう。しかし、同じ北海道でも、すべてが一項地域ということになるのか。当時もはっきりしていなかったけれど、それは現在も変わっていないと思うのです。その後、武力攻撃事態法など事態別に法律として整備はされつつありますが、このような問題は残っているのではないでしょうか。

冷戦終結後の情勢変化を受けて自衛隊の訓練も時代とともに変化してきました。防衛行動が私権に及ぼす影響も考えなければならないと思います。

以前はやはり、日本が武力攻撃されて自衛隊が防衛出動するという、いわゆるＨＩＣ（高強度紛争）を前提にして訓練していたわけですが、現在はテロやゲリラを想定するＬＩＣ（低強度紛争）への対処も重要になっています。住民がまだ避難していない地域で自衛隊が動くケースも考えられますが、そうなると作戦に制約が出てくるのです。作戦上の必要性と国民の私権保護との間の線引きをどうするのか、ちゃんと法的に決めておかないと、おそらく自衛隊は動けないだろうと感じます。

それからもう一つ。有事法制に関連したことですが、防衛省所管のものが第一分類とされていて、第二分類と言われる防衛省以外の所管の関連法が検討対象になっていました。例えば、火薬類取締法ですと、決められた規格の弾薬庫に「これだけの弾を置いていいですよ」とか、「保安距離はどのくらい取りなさい」ということが決められています。それも、一種、二種、三種とかに分類され、弾薬庫の周辺にある建物とか施設の種類に応じて距離が定められていて、その辺に弾をポンと置いておくというようなことはできないことになっています。道路交通法もそうです。いざという時に、信号が赤で戦車が止まらなければ道交法違反という問題がありました。

これらの問題は平成一六（二〇〇四）年に大掛かりな有事法制の整備が行われ、法的には解決されたと認識していますが、火薬類の運搬、特に人員との混載制限など船舶輸送に係る制約は残っているようですし、道交法についても防衛出動時の戦場機動を行う場所に限られるため、違反となる地域が明確でないという問題が残っているようです。余談になりますが、自衛隊の戦車には方向指示器が付いているのですが、他国でそういう戦車はないと思います。

軍法や自衛官の礼遇に関わる問題

この時期、少し大げさな言い方になりますが、自衛隊員の人権にもかかわって、憲法上の問題を感じたことにもふれておきます。根本的に考えなければならないのは、やはり「軍事司法制度」です。軍法や軍事裁判所をどうするのかということです。これは憲法にかかわる話ですが、この問題についてこれ以上は論じません。

ここで問題にしたいのは、「自衛隊員の礼遇」という問題です。自衛隊員とりわけ自衛官の人権を守るために、何らかの「第三者機関」が必要ではないか、ということです。陸幕勤務の時代に先輩から教えられ、納得して同じことをずっと私も思ってきたのです。

自衛隊員は、自衛隊法第六四条にもとづき、いわゆる労働三権（団結権、団体交渉権、争議権）を奪われています。労働三権の制約それ自体は他の公務員にも共通することであり、ここでは問題にしません。しかし、日本国憲法は国民の基本的人権を保障したことに大きな特徴があり、一般の国家公務員のためには制約の代償措置として人事院が設置され、給与等で民間と較差がないように保障されているのです。ところが自衛隊員に対してはそのような第三者機関が存在していません。もちろん、自衛隊員の給与も人事院勧告を準用して上がります。人事院勧告が出ましたら、給与部門の担当者が一人ひとりの隊員の給与を計算して、準じるように上げるのですが、一般の国家公務員よりも自衛隊員のほうが労働三権の制約度合いは強いわけですから、自衛隊員の人権は公務員よりも相対的に低い位置づけということになります。第三者機関が必要だと感じるゆえんです。給与面ばかりではなく、叙勲制度や退官者の取扱い（米国の退役軍人庁のような組織の設置など）、さらには隊員募集のあり方や退職隊員の再就職援護など、幅広く見ていく組織の必要性を訴えたいと思います。

それからもう一つ、殉職隊員のことも考えてほしいのです。平成二九（二〇一七）年現在で二〇〇〇柱に上る隊員が災害派遣や訓練などで命を落としています。幸いなことに弾に当たって殉職したという隊員はこれまでいませんが、今後、ＰＫＯなども含めて、いろいろな問題が起こる可能性があります。我々は、政府がＰＫＯ五原則が維持されているので安全だと判断するのであれば、その判断の下で活動するのです。だからこそ、国民の支持を得て派遣されたいし、その結果についても国民のみなさんに考えてほしいと思います。隊員と家族の名誉、誇りにかかわる問題ですので。

日本らしさの発揮か国際標準との合致か

平成二四（二〇一二）年、南スーダンに派遣された部隊を視察した後、ゴラン高原に派遣されているＵＮＤＯＦ（国連兵力引き離し監視隊）の視察に行ったことがあります。自衛隊は一九九六年からＵＮＤＯＦに後方支援部隊を派遣し、食料品や日常生活物資などを港や空港等から輸送したり、活動地域内で道路などを補修したりしていました。

シリア情勢がだんだん微妙なものになってくる時期で、実際に二〇一三年一月には自衛隊は撤退することになるのですが、そのような状況下で自衛隊は苦労しながら任務を完遂して無事に帰ってきてくれたのです。当時、ＵＮＤＯＦの司令官をしていたのはフィリピンのエカルマ少将といって、彼は自衛隊の規律や仕事ぶりを評価し、「日本隊は素晴らしい」と述べてくれました。

同時に、自衛隊の武器使用基準は他国と異なるので、国連と交渉して、「自衛隊はこういう限定された任務で」とか、「この地域だけで」とか決めているのです。自衛隊がダマスカスに任務のために行く時などは、別の国の部隊に守ってもらうわけです。他国と足並みが揃わないことについては、やはり悩みが続いていると思います。

ただ、ＰＫＯで日本らしさを発揮するという点では、こうした方向性を深めるのも選択肢です。自衛隊の活動は、国連及び他国から高く評価されており、最近では、日本がそれらの国の人材育成に関わるようになってきたのです。二〇一三年、ベトナムのＰＫＯ要員をわが国へ招聘し、研修の機会を提供して以来、日本は能力構築（キャパシティー・ビルディング）支援と呼ばれるこの活動を柱にしており、さらに努力すべき分野だと考えています。

国連は日本のＰＫＯに何を期待するか

今後の日本の国際平和協力のあり方についてですが、いま述べたような能力構築支援ということと同時に、たとえば国連のＰＫＯ局にも有能な自衛官が勤務をしておりますけれども、今後のＰＫＯ派遣を我が国が判断をしていくためにも、できるだけ枢要なポジション、高いポジションに自衛官を配置するということが大変重要になってきます。それからもう一つは、南スーダンから施設部隊は撤退しましたが、司令部には引き続き四名の幹部自衛官が配置をされて頑張っています。それぞれのミッションの司令部にも有能な隊員を派遣することによって、参加をしている日本のＰＫＯ部隊が、より効率的な、より能力を発揮できるような活動ができると思います。

国連側の日本に対する期待も、そのようなものだと思います。高い能力を持っている隊員一人ひとりが、ＰＫＯの枢要な部門で活躍するということを期待しております。

国連の期待という点では、たとえば武力の行使に関わるＰＫＦ（国連平和維持軍）への参加をどうするかという議論もありますが、そういう部分を担っているのは主として途上国なのです。

いまの南スーダンもそうですけれど、そういう所でＰＫＦの基本的なニーズは満たされているというのが国連サイドの見方のようですので、やはり我が国はそういう高いレベルの所で貢献をしていくということが大事だと思います。

防衛法制の不備は解消されつつあるが

ここで改めて防衛法制整備の流れを見てみますと、全体としては評価ができると思います。自衛隊の行動に法的な裏づけがあるという状態が、逐次できつつあります。ただ、なお検討しなければならない法的な空白地帯は残っています。それを示す二つの事件をあげましょう。

一つは、かなり前の事件ですが、ソ連空軍のミグ25が領空を侵犯し、函館空港に強行着陸した事件です（昭和五一（一九七六）年九月）。私は当時、防大の四年生だったので、直接的に自衛官として見聞きしたわけではありません。当時の新聞等を見ると、着陸直後、自衛隊と警察のどちらが対処するのかで混乱したとされますし、ソ連が機体を奪い返しにくるという情報があり、陸自が駐屯地内に戦車などを準備したりします。ところが事件終結後、日本国政府は対処に当たった陸自に対して、同事件に関する記録を全て破棄するよう指示し、当時の三好秀男陸上幕僚長は辞意をもって抗議したというのです。これだけの事件を経験しながら、そこから何かを学ぶのではなく、資料を破棄するというのですから、日本の防衛への真剣さが問われる事件だったと思います。

もう一つは、平成九（一九九七）年、鹿児島県の下甑島に中国人密航者二〇名が上陸した事件です。まず警察が出て行って二〇名を確保したけれど、さらに五名以上がいるはずだという情報もあり、航空自衛隊も出動することになるのです。ところが、出動の根拠が見つからずに「野外訓練」名目で出て行くことになり、それだと武器使用権限どころか職務質問や逮捕の権限もないということで、警察官や消防署員に同行してもらうようなことになります。新聞各紙がこれを自衛隊法違反だと報道し、防衛事務次官が「警察機関への協力活動として実施すべきところ、野外訓練の一環として実施した点については適切さに欠ける面があった」とコメントしたとされます。

これも最後はなんとなく終わったみたいになったのですが、日本の島に外国の漁民あるいは漁民を装った武装工作員などがやってくるというのは、当時と比べても現実味を増しているわけで、真剣な総括が必要だと思います。その上で、警察と自衛隊がどう行動するのか、明確に決めておいたほうがいいと考えます。先ごろの平和安全法制整備に際して「領域警備」の問題も相当議論されましたが、先送りとなっています。国境警備を警察機能として見ていくのか、軍事機能として捉えるのか。これは難しいと思うのですけれど、島国である日本としては、やはりそういうこともちゃんと考えないといけないのです。

武器使用の権限問題は残っている

とりわけ考えておかなければならないのは、武器使用の権限です。これはグレーゾーンの本質的な話ですが、常に事態がエスカレーションしないようにコントロールしながら、同時に、現場にはどんな場合にどんな武器使用の権限があるのかを前もって示しておく——それがROE、交戦規則ですが——ことが大事なのです。

そういう場合、「引き金を引いてもよろしゅうございますか」と、いちいち官邸までお伺いを立てることは、現場としては余裕がないと感じます。時間的余裕がある場合もあるかもしれませんが、そこを含めいろいろな事態を想定し、シミュレーションをして、「どういう体制のもとで、自衛隊部隊に任務を与え、ROEで律して、実行動を起こせるか」ということをきちっとしておくということが大事なことです。それがこれから本当に急がれるのではないかと感じます。

麻生幾の『宣戦布告』は、某国の工作員が日本に原発を破壊するために上陸し、日本がそれにどう対処するのかを問うた小説です。そこでは、自衛隊の出動にかかわる事態かどうかの認定もできずに揺れ動く官邸の姿が描かれます。この間、いろいろな「事態」に対処するための法律がつくられ、「事態認定」という政治の決断と現場の行動の仕組みが逐次出来上がりつつあると思います。『宣戦布告』で描かれたような状況にしてはいけないわけですから、さらに整備を進めるべきだと思います。

五、国民が選ぶなら加憲も改憲も護憲もあり得る

「加憲」案自体は肯定的に受けとめる

安倍首相のことはこれまでずっと見てきましたけれど、自衛隊員とその家族に対して、敬意とか愛情とか感謝という気持ちをもってこられたと思いますし、実際の行動にも表しておられます。そういうことには僭越ながら共感を覚えると言いますか、非常にありがたいと思っています。「士は己を知るもののために死す」という言葉があります。自分に関心を持ってくれる（最近流行の言葉では心を寄せてくれる）指揮官を信頼し、その指揮官のために精一杯働こうと思うのは、人としてごく普通の感情ではないでしょうか。

その安倍首相の「加憲」案について、肯定するか否かを問われれば、肯定的に受け止めています。自衛隊違憲論に終止符が打てることになれば、それだけで意味があると思います。法律の世界では「事後法優位説」があり、一項、二項があっても、新しく追加されたほうが優先をする、優越をするという考え方もあるようですから、なおさら評価できると考えています。

「服務の宣誓」の重みを深刻に考えてほしい

私の問題意識の出発点は、結論的に言えば、「自衛隊の生い立ちとかいろんなところから出てきている諸問題をどうするんですか」というところにあります。よく引用される自衛隊員の「服務の宣誓」の重みを国民のみなさんはどのように認識をしておられるのか、そのことを訴えたいのです。

「服務の宣誓」そのものは国家公務員になる際に全員が行うものです。しかし、その宣誓のなかで、「事に臨んでは危険を顧みず、身をもって責務の完遂に努める」と宣誓するのは自衛隊員だけです。ここが私は核心ではないかと思います。「そういう自衛隊員というものに対して、一般国民のみなさんはどう考えていらっしゃるのだろうか」ということが、今回の憲法改正の問題をめぐって、いちばん大事なポイントではないでしょうか。「人命は地球よりも重い」といって犯罪者を超法規的に解放した事実がある一方で、二五万の隊員に「命を賭けて責務を完遂せよ」と言っているその重みを深刻に考えるべきです。このような自衛隊員に対して国民は何をもって報いるべきか考えてほしいのです。

国民がどの選択肢を選んでも否定しない

国民のみなさんに問われているのは、自衛隊を「国際標準の軍隊、あるいは軍人というものにするのかどうか」ということだと思います。そして、この問題をめぐって、国民の選択肢は三つに分かれると思います。私としては加憲案を評価する立場ですが、三つの選択肢をどれも否定するものではありません。

第一は加憲案であり、自衛隊に関する規定を加える案ですが、これも二つに分かれると思います。一つは、自衛戦力であることを明確にして自衛隊を書き込むことで、もう一つは、戦力としての自衛隊を曖昧にしたままにすることです。共通するのは、憲法上とにかく自衛隊を認知しようじゃないかということで、だから私は勝手に「第一歩案」と名づけています。

第二は、自民党のもともとの改憲草案のように、二項を削除する案です。保持する戦力について自民党草案では「国防軍」とされていますが、名称は必ずしも本質的な問題ではありません。

自衛隊であれ軍であれ、戦力なのかどうか議論する余地が残らなければいいのです。「解釈の余地をなるべくなくして、分かりやすくする」というものであり、「あるべき姿案」とでも呼びましょうか。

法的な整備がされるなら憲法維持でも不都合はない

第三は、現状維持案、あるいは現実的対応案です。日本はこれまで七〇年余りの間、憲法には手をつけずに、想定される事態に対処可能な法整備を累積してきました。自衛隊が活動するための法的な基盤整備は進んでいると認識していて、そういう現実を踏まえた上での選択肢です。一項、二項のところの解釈論はいつまでも残るし、従って自衛隊違憲論もなくならないのですが、憲法には手を付けずに法的な整備をしていくという案です。

このやり方であっても、武器の使用なども含めた上で体制が整うのであれば、現場の立場から言えば、乱暴な言い方になりますけれども、不都合はありません。かつて栗栖弘臣統幕議長が、法整備がされていないので自衛隊は超法規的に動くと発言し、事実上解任されましたが、自衛隊の各種の行動にちゃんとした法的根拠があり、それに従って自衛隊が行動できるのであれば、「少なくともわが国の平和と安全は守れますね」ということになります。それがいちばん大事なことだと思いますので、これもあえて選択肢として提示します。

関係者の多年に亘る弛まぬ努力により、平成二七（二〇一五）年には平和安全法制という形で防衛法制整備が進んだことは評価すべきですが、現場の感覚で申し上げると極めて複雑・難解と言わざるを得ません。「行動して評価される自衛隊」の時代を迎えた陸上自衛隊は、平成一八（二〇〇六）年、法務課に代わって法務官を設置し部隊の行動に係る法務支援態勢を整備しました。複雑・難解な行動に係る法体系を部隊のために焼き直す機能を果たしていることは当然のこととしても、現場の感覚からすると「何とかならないか」というのが正直なところです。

国民がどう考えるかが大事

憲法も同様に明快なものであってほしいと思います。しかし、加憲案についても、世論調査で多少のばらつきはありますが、国民のみなさんの意見も半々という状況のようです。大多数が加憲なり憲法改正に賛成するということでもなさそうですし。七〇年を越える時間を経てもなお、国民のみなさんの意識がそういう状態であるならば、その現実は見なければいけないと思います。

防衛の現場にいた者の一人としては、やはり引き金を引く隊員、あるいはそれを命令する指揮官の立場に立った時にどうなんですかという視点を忘れてほしくはありません。護憲であれ改憲であれ、そこを念頭において議論はしてほしい。

そして、国民のみなさんの多くは、これも護憲であれ改憲であれ、自衛隊のことをよく理解してくれていると思います。一方で、私の身の周りでも、そういう視点を欠いたまま憲法に関する議論をする人もいて、少数でも声が大きければ影響力は無視できません。国民全体がそうではないので、見誤ってはいけないのですが、そういう現実があることも見ておかないといけません。

国民のみなさんがどの選択肢を選ぶにせよ、大事なのは国民の国防に対する気持ちがどうかということです。国防の義務を憲法に書くか書かないかということは、自民党内でも意見が分かれていますし、自衛隊ＯＢの中でも両論があるかもしれません。しかしながら、書く書かないは別にしても、こういう気持ちを多くの国民のみなさんには持ってほしいというのが私の考えです。福沢諭吉が「独立の気力なき者は、国を思うこと深切ならず」（『学問のすすめ』）と言っていますが、その通りだと思うのです。

自衛隊のありようを議論してほしい

憲法改正をめぐって、自衛隊が加憲の対象となっているわけですから、当然、自衛隊のありようが議論になっていくでしょう。その際、是非、議論してほしいことがあります。

一つは、独り言のようなものですが、思い切って逆説的な言い方をすると、いざという時役に立たない自衛隊に毎年多額の国費を注ぎ込むことは大いなる「国損」ではないかということです。どういうことかというと、栗栖発言以降も法的に整備されていない問題（グレーゾーン事態対応や政軍メカニズムの構築など）が残されているとすれば、いざという時、超法規的な措置をとるか、あるいは「法的な根拠がないから動けません」ということになるのか分かりませんが、そういう可能性のあるものに予算をつぎ込んでいいのかということです。また、法的基盤のみならず防衛力（主として装備品等）の質と量において役に立たないということも避けなければなりませんし、関係機関や各自治体等との十分な日頃の訓練・備えの不備によって役に立たなかったということも言い訳になりません。

そのようなリスクが存在することを国民は理解し、憲法問題はもちろんのことですが、大綱見直しや中期防衛力整備計画（中期防）・年度の防衛予算についても関心を持っていただきたい。一〇〇年養ってきた兵が何の役にも立たなかったということでは、国民にとってこれ以上の不幸はないと思うのです。多額の国費を投じるのであれば、すべてにおいて役に立つ自衛隊にしておかなければ意味がないということです。

二つ目は、自衛隊員の基本的人権について、国民のみなさんに考えてほしいということです。

「服務の宣誓」のうち、「事に臨んでは危険を顧みず、身をもって責務の完遂に努め」という部分の特殊性はすでに述べましたが、もう一つ「政治的活動に関与せず」というところも、警察・消防も含めて一般職の公務員には課せられていません。日本国憲法は基本的人権を保障しているところが明治憲法とは違う大きな特色だと教わってきましたが、自衛隊員については特別の制約があるのです。例えば、自衛隊員には六大義務が課せられていまして、特に自衛官には指定場所に居住する義務もあります（自衛隊法第五五条）。昭和三六（一九六一）年に制定された「自衛官の心構え」というものもあります。そういう自衛隊員が二五万人いるということを、是非、国民のみなさんには知ってほしい。

自衛隊の任務と防衛省の任務

三つ目ですが、「シビリアン・コントロール」にかかわる問題です。非常にセンシティブな問題で、言いにくいところではありますが、自衛隊に対するシビリアン・コントロールにあたっては、いま挙げたような自衛隊員、特に自衛官が抱える制約を踏まえ、そういう意識や理解を持った上で実行していただきたいということです。

防衛省設置法では、防衛省の任務として、「陸海空自衛隊を管理・運営」することを挙げています（第三条）。『防衛法研究』第四号（昭和五五（一九八〇）年）において安田寛氏（当時、防大教授）は、防衛省の任務は自衛隊の任務（隊法第三条）と一致しなければならないはずだ、とその問題点を指摘しています。防衛省と自衛隊は任務上も一体となって防衛に当たるべきであることは容易に首肯できるのではないでしょうか。俗に文官統制と呼ばれた防衛省設置法第一二条は平成二七（二〇一五）年に改正され、法律上もあるべき姿になったと言えるでしょう。「自衛隊の任務」と「防衛省の任務」、国民のみなさんはどう理解されていますか。

防衛政策のあり方についても思うことは多々あります。「専守防衛」と「敵基地攻撃（反撃）能力」は矛盾しないことも理解してほしいところですが、防衛政策分野での実務経験はありませんので、ここで止めておきます。

すでに提起されていた加憲案

最後に、防衛法学会の学会誌である『防衛法研究』の平成九（一九九七）年の第二一号に、青山武憲氏（当時、日本大学教授）が憲法問題について書いておられます。発行時に注目したかどうか覚えていませんが、最近読み直してみて、加憲という観点から現在につながる問題提起だと感じました。

なぜかというと、青山氏は、九条に三項、四項を加えることを提起しておられるのです。とくに四項の中身で提起されているのは、戦力の濫用防止のため戦力行使の目的を国防と国連協力に限定する必要があるということです。きわめて現実的でバランスの取れた有力な案が当時から提示されていたということで、個人的にも注目しました。安田寛氏の問題提起もそうですが、加憲という観点も含め、関係者・専門家の間でこうした真摯かつ地道な研究と議論が長く続けられている事実を、国民のみなさんには理解していただきたいと思います。

Ⅲ

最善の妥協は現行憲法下の法整備だ

林　吉永（元空将補）

一、「防衛」を志してはいなかった

防衛大学校入校は、昭和三六（一九六一）年でした。しかし、防衛に目覚めて防大を志していたというわけではありません。

私の父親は、日本郵船の太洋丸に乗り組んでいたのですが、東シナ海でアメリカ海軍の魚雷攻撃で戦没しました。生まれたのは、日本郵船の本拠地が在る神戸市内でしたが、母親の再婚に伴われ神奈川県逗子で生活するようになります。中・高・大と学校は全て横須賀市内でした。

横須賀は、旧帝国海軍、そして現在は、海上自衛隊、米海軍の町です。鎌倉から三浦半島逗子、葉山にかけては、旧帝国海軍高官の邸宅、海軍の将校、兵隊の「海軍住宅（官舎）」が在りました。海軍の将校たちが利用する名のある高級な料亭も存在します。残念ながら、火災で焼失してしまった「小松」は、東郷平八郎、山本五十六両提督ご用達で高名でした。

イエズス会がつくった中学、高校で

その神奈川で私は、栄光学園という私立中学・高校六年一貫制の学校に在学することになります。栄光学園は、昭和二二（一九四七）年、上智大学に日本の本部を置くイエズス会によって、

横須賀の海軍工廠・潜水艦電池実験場跡地（現海上自衛隊自衛艦隊司令部所在地）に創設されました（現在、学校は鎌倉市に移転）。学校の建設には、アメリカ海軍の第七艦隊司令官が、「戦後日本の青少年教育のため」ということで、上智大学内のイエズス会本部に「学校をつくってくれ」と頼んだことがきっかけになって創設された経緯があります。

イエズス会は、宗教革命の時代にプロテスタントに対抗し、カトリックの内部で乱れた宗教界を厳しく律する意思を強くしようと、フランスのパリ郊外サン・ドニで創設された（一五三四年）修道会です。

イエス・キリストは、自分の命を十字架上で、磔刑というかたちで失うことによって人類を救うという目標を達成し、「愛を基調とする救い」を教えとしました。しかし、歴史上、キリスト教国の白人種は、戦争の主役として多くの戦争を行い、近代史における独善的な暴虐の残滓は、地球上の全域にあります。ヨハネ・パウロ二世ローマ教皇は、二〇〇〇年三月、十字軍の虐殺、暴行、破壊、略奪をはじめカトリックが犯した多くの罪過を謝罪しました。

イエズス会では、自己犠牲を大切にすることを教えの柱としていますから、「命がけで見ず知らずの第三者を守る軍人」という職業に就くことを祝福しています。それは、イエス・キリストと重なるからです。キリスト教国における軍人に対するリスペクトは、案外、宗教的なのかもしれません。

「パイロットになりたい」、「航空工学を学びたい」と栄光学園は、生徒が防衛大学校を受験することに対して、きわめて前向きに応援してくれました。中・高・大の教育を通して受けた「自己犠牲」と「寛容」の精神が、自衛官としての誇りと、サブコンシャスな（潜在意識化の）滅私奉公の気持ちを培っており、案外これが使命感かもしれないと、改めて自己認識できます。従って、「反戦」とか、「自衛隊は憲法違反」という「反対を強調するための造語」に神経をとがらせ腹立たしくなるという感覚にとらわれることはなく、むしろ「分かってもらうことが大切」と考えるようになっています。

とはいえ、当初から「防衛」を志していたわけではありません。それよりも、「パイロットになりたい」、「航空工学を学びたい」という願望がありました。当時、航空工学を学べる六つの大学のうち、防大の航空工学は風洞とかロケットエンジン燃焼の実験装置が最新型でした。また、零戦設計で高名な堀越二郎先生がおられたことも魅力でした。

防大に決めたのには、もう一つの重大な要因がありました。私は、インターハイ出場や東日本高校サッカー選手権ベスト・フォーなどの実績もある栄光学園サッカー部に所属していましたが、四年先輩のキャプテンが、当時、防大在学中で、しかもサッカー部のキャプテンでもありました。「防大へ来い」と言われ、背中を押されたことで大きい影響力が働きました。運動部の人間関係は、先輩後輩の関係が厳しく従順になってしまいます。高校卒業直後にそのまま防大の合宿に連れていかれました。

高校と防大での六〇年反安保闘争

高校三年生の時、六〇年反安保闘争がありました。しかし、栄光学園に限れば、高校の中で、「安保反対」などと叫ぶような先生も生徒もいませんでした。真に国の防衛や安全保障を語る知見もなく、中身のない、時代精神とも言えない単なる風潮に便乗していた「学園祭」の延長上の「お祭り騒ぎ」だと感じて、それに参加したことを誇らしげに言う同年代の若者を「冷めた目」で見ていました。

お祭りにおける「声と肉体の連動の繰り返し」は、サブコンシャスネスという「無意識化」を作為します。六〇年反安保闘争は一過性でしたが、一種の催眠状態に陥ったわけです。米軍においても、多岐多様な民族・人種などからなる軍隊における「命令と服従を円滑に律する第一原則はサブコンシャス状態をつくることだ」と言っております。

すなわち、単純には「繰り返しの動作がもたらす習性」を作為することを言います。「車の運転席に座れば、無意識にシートベルトに手が行く」という例で分かるでしょう。しかし、これはデジタル的であって、エラーを防止する迷いや逡巡がありませんから、「赤いランプがついたらミサイル発射ボタンを押せ」が実にリアルタイムだという悩ましい危惧が潜在します。

なお、防大入校（第九期生）後に耳にした話ですが、反安保闘争の残滓は防大にもありました。反安保闘争の鎮圧には、機動隊だけではなく自衛隊を出動させることが検討されていました。結果として「自衛隊の治安出動」は見送られたのですが、自衛隊が出る場合、大学生に対峙させる正面には防大生を当てるという話があったそうです。

当時、私自身、深刻な自意識は希薄でしたが、現在の感覚で見ると、防大生の出動は実にお粗末な「思い付き」です。「大学生の闘争に対決させるのは同じ大学生で」という思い付きが実行されれば、同じ日本人の若者に、消えることがない「敵対意識」というサブコンシャスネスをすりこむことになったのではないでしょうか。

今思えば、防大の学生の中からは、国家最大の実力組織を率いる指揮官が誕生します。一方、反安保闘争の中から文民統制サイドの指導者が生まれます。そのトップたちが対峙と闘争を行い「敵対意識」を育てます。このような反発のサブコンシャスネスが生まれれば、将来に禍根を残したことでしょう。

二、戦後世代の防大一期生に魅力を感じて

陸、海、空を志す人びと

防大には原則として、予算で決められた五三〇人が入校します。幹部要員の枠は、陸上自衛隊（陸自）が三〇〇名、海上自衛隊（海自）が一一〇名、航空自衛隊（空自）が一二〇名でした。

当時は、海自要員の競争が激しかった記憶があります。空自の場合は、パイロット適性検査の合否で希望者数が変化していました。競合が高くなる傾向があったのは、専攻科では、海自要員の電気工学、空自要員の航空工学、電気工学、語学では、フランス語、ドイツ語のようです。

今は海自要員の希望が激減しているそうです。それは、ひとたび航海で洋上へ出ると長期間帰れないというのが理由のようです。「艦艇勤務の職場は海の上である」ことを考えると悩ましい課題が生じていると言えるでしょう。

空自に人気が集まるのは、「陸自普通科（歩兵）部隊の匍匐前進する陸上戦闘の厳しさ、苦し

さがいやだ」という理由があるからかもしれません。

その陸自は「人の戦闘集団」です。それだけに、指揮官として多くの部下と生死を共にするので、真に一流の軍人になりたいと志す人材が多く存在します。今日の新たな戦争に勝利する意義は、地上の秩序を回復することにあります。真の軍人はその意味で陸自にいるのかもしれません。

一学年の間は、全学生が基礎教育を受けます。その間に飛行適性検査が行われ、希望と基礎教育の成績を参考に専攻科、語学、そして、陸・海・空自の幹部要員選別が行われます。戦闘機パイロットを希望していた私ですが、中・高・大のサッカー部先輩が歩み出した道へと促され、戦闘機を誘導する側の要撃管制幹部の道を選択することになっていきました。

三学年になりますと、卒業研究（一般大では「卒論」）に挑戦することになります。三学年の後半からは論文執筆にとりかかります。指導教授の下で、もちろん届け出制ですが研究室に籠(こも)ることが許されます。

日本の「国のかたち」ができる時代に

私たちは、防大一期生の指導教官に魅力を感じていました。階級的には初・中級幹部でしたが、バリバリやっておられる意気込みが伝わっていました。もちろん、陸・海・空自が選りすぐった、優れた自信満々の先輩たちばかりでした。直接に接して感じる先輩たちの生き様は、「防衛とか憲法をオの溢れるに任せて熱く語る」のではなく、「おれたち一人が命を捨てて一〇人の同胞が助かるのであれば、それでいいじゃないか」という信念で、「ひたすら一生懸命やるだけだ」という心情が溢れ出ていたと思います。

一九五〇年六月二五日、朝鮮戦争勃発時、占領軍司令官D・マッカーサーが再軍備を要請しますが、首相であった吉田茂は「警察予備隊」にとどめました。講和条約が間近に見えてきた時期に、吉田はタテマエを貫き、自衛隊や防衛力を頭から否定していないホンネを「米軍依存」にすり替え、日本を守ったと言えるでしょう。このように、吉田が敷いた「平和国家路線」は、「国のかたち」が明確な時代として七〇年間維持されました。従って、「憲法」の理念において専守防衛に限り、自衛隊を保有、維持させ得たわけです。

戦後の日本は、後世に向けて、日本の「国のかたち」をつくりつつある時代でした。防大一期生は、日本の防衛・安全保障という文脈において、その旗手であったと言えるでしょう。

部活と非部活主体と

防大の「学生舎」は、旧軍隊の兵営や士官学校の寄宿舎がモデルです。約二〇〇〇名が「同じ釜の飯を食う」わけで、在学中にはいろいろなエピソードが生まれます。当時、一から五大隊までの名称を持つ四階建五棟の学生舎（寄宿舎）があって、各大隊は、各階、それぞれ約一〇〇人で編成された四個中隊に分かれます。中隊は、のちに一学年小隊ができるまで二個小隊に区分されていました。

　夕方一七時に課業終了のラッパが鳴りますと、国旗の降納があって、一九時二〇分の自習開始まで自由時間ができます。その間に入浴や食事を済ませます。ところが、部活は毎日で、特に運動部は食事時間終了の一九時に間に合うか間に合わないかまでやっていましたから、入浴して、食事して、食事の不足分を売店で補ってと、短い時間を神業（わざ）で使いこなします。とりわけ一学年は、用具の後始末やグランドや体育館整備の作業が付加されて、入浴もできず、汗まみれの身体で次の自習時間に入らなければならないこともありました。

　そこで防大には「ハヤブロ・ハヤメシ同好会」と言われる、非国家主体をもじれば非部活（部活動）主体がありました。彼らは、国旗降下のラッパ吹奏が終わるや、直ぐに洗面器を小脇に抱えて浴場に行くか、食堂に行くかに分かれます。部活動後の学生が入浴していない浴槽は澄んでいて汚れていませんし、食堂の食事は温かいです。そしてそのあとの時間を自由に使えます。彼らを総称して「ハヤブロ・ハヤメシ同好会」と言うわけです。

私は前述のサッカーの先輩の影響で、四年後のキャプテンをめざしていました。学年が進むにつれて、学生生活は、サッカー一辺倒に変化して行きます。当時は、日曜日だけ外出が許可されていましたが、サッカー部は関東大学二部リーグで優勝を狙える実力がありましたので、レギュラーは試合があれば特別に外出できました。

防大の運動部で対外試合に好成績を残すメジャーな種目で形成していたのが「八部会」です。サッカー／ラグビー／アメリカン・フットボール／バスケットボール／ハンドボール／柔道／空手／剣道が部活動（校友会）を牛耳る空気に満ちていた時代でした。いわゆる「バンカラ」だったのでしょうか、たまの休日も練習が優先で、休日が潰されることを妙に粋がって、やせ我慢していました。

自習は強制、上級生による指導、いじめも

防大では一九時二〇分からは全員が自習です。これも強制です。艦艇を航行させる海軍の伝統として習慣づけられた五分前の原則が防大に根付いていて、「五分前には自習室内で自習できる態勢」に入っていなければいけません。居室は八人部屋で、寝室と自習室があり、室長あるいは、副室長の四学年は、指導監督の役割を担います。

自習の終了時間は二一時五〇分です。自習終了の合図で、小隊ごとに全員が廊下に並んで点呼を取り、所要の行動や注意事項の伝達が行われ、就寝前の簡単な清掃を済ませると、二二時一五分に消灯です。二三時一五分以降に、学習や学習に準ずる作業のため、自習を延長したい場合は、「延灯申請」といって共用自習室の使用が認められます。原則一時間まで、特別に認められる時間です。

二学年のカッター競漕、三学年の断郊（執銃しない戦闘服装でのクロスカントリー）競技会のシーズンには、点呼終了後に「腕立て伏せ何回！」、「腹筋何回！」、「スクワット何回！」と肉体の極限を高める特訓が行われ、指導学生の怒号が飛び交います。

屋上では「上級生の指導、躾（しつけ）を守らなかった反省」のしごきも行われました。今時で言えば、一種のいじめですが、個人制裁はありませんでした。いつも連帯責任です。このような上級生による「特別訓練」は、結果的に体力がついて「得をする」ことになります。

三、航空自衛官としての日々

昭和四〇（一九六五）年、防大卒業後、奈良に所在する空自幹部候補生学校で職業軍人としての第一歩を踏み出しました。ここでは、空自の幹部になる誰もが、幹部候補生に任命されて基本教育、訓練を課せられます。幹部候補生学校卒業時、飛行、整備、電子、補給などの職種が指定され、私は、サッカー部先輩の強い影響で要撃管制幹部を希望し、かなえられました。

初任地は、三・一一東日本大震災時に発生した原発事故の影響圏に所在する福島県双葉郡川内村大滝根山（標高一一九二メートル）にあるレーダー・サイトでした。着任後一夜明けて見た山頂のベースキャンプは、偏西風が運んだ水分がキラキラ輝く霧氷に覆われていました。大滝根山は、阿武隈山地の最高峰です。

管制という任務

空自の闘う前線部隊は、戦闘機部隊、警戒管制部隊、高射部隊（地対空ミサイル部隊）の三本柱です。

空自では専門とする職の別を職域と称しています。私が所属することになった要撃管制職域は、昼夜二四時間、間断なくレーダーの探知範囲（当時は三五〇キロメートル余でおおむね防空識別圏の範囲）を監視し、領空に侵入する恐れのある彼我不明航空機の探知・発見・敵味方識別を行い、異常時に対処します。もしも、探知した彼我不明機が領空を侵犯する恐れが発生した場合、戦闘機基地で待機中の戦闘機を緊急発進（スクランブル）させ、目標の至近距離まで誘導して「領空侵犯」に対処します。

戦闘機は、対象機に対して領空侵犯しないよう、通信を用いて、あるいは翼を振って警告し、侵犯された場合は排除します。対象機がこちらの言うことを聞かないで侵犯を続ける場合は、信号射撃の警告、あるいは誘導して強制着陸させます。しかし、刑事犯の疑いがある者に任意同行を求めるのと同様、相手がこちらの指示に従わなければどうするかの問題は残ります。それは、空自の対領空侵犯措置実施規則が万国共通ではないことにも一因があります。

そのほか、要撃管制職域の職務は、緊急救難信号探知、あるいは受信時、対象となるトラブル発生機の誘導・管制・通報など多様です。もちろん、有事においては航空作戦（防空・輸送・救難・偵察）を主任務として、空中状況の変化に対応します。戦闘機に戦わせるか、地対空ミサイルで戦うかの判断も行います。今日では、我が国に向けて発射された北朝鮮弾道ミサイル対処も重大任務となっています。

このような作戦任務から、要撃管制幹部は、空自を自分で仕切っているような錯覚に陥ります。戦闘機乗りは戦闘機乗りで、空自を代表しているような顔をしています。まさにレーダー・サイト勤務はお山の大将です。私をこの職域に引きずり込んだサッカー部の先輩も、そのような誇りで私に影響を与えたのでしょう。

航空警戒管制団は、日本の空を、北・中・西・南西と四つに分けてそれぞれの担当空域の警戒管制を行います。警戒管制部隊に加えて、戦闘機と地対空ミサイルを運用して作戦を遂行する「方面隊の作戦運用上の指揮統制」を行うのが方面隊司令官です。

航空警戒管制団隷下の防空管制群は、作戦指揮所においては、担当空域の情報を収集・分析・現示し、提供、司令官を補佐します。現在、空自の作戦部隊は、統括する航空総隊（横田）とその隷下の北（三沢）、中（入間）、西（春日）、南西（那覇）の方面隊となっています。従って、私が初めて赴任した空自部隊の大滝根山レーダー・サイトは中部航空方面隊司令官の運用上の指揮、統制下の部隊でした。

要撃管制の具体的な仕事

一九六五年の部隊着任時は、空自の警戒管制・指揮統制システム自動化の黎明期にありました。

大滝根山レーダー・サイトでは、まだ自動システムが導入されていない、いわゆる「手動・アナログ」が全盛で、真空管を使用している通信電子システムが主力でした。

レーダー電波は、物体に当たって反射波として戻り、レーダー・スコープ（画面）に映し出されます。雲、雨、台風、山、海の波、風にそよぐ木立などを輝く映像の固まりとして写し出し、飛行物体は独特の動く「輝点」として確認できます。

要撃管制幹部は、「輝点」を対象目標として、その移動量（平面上の位置・高度・進行方向）を一分間計測し、計算盤（円形二重の回転する計算尺）で速度を算出します。この基礎データに対応して、スクランブル発進した戦闘機と目標の会敵点（戦闘機レーダーによる捕捉、あるいは目視可能位置、および攻撃可能射程内位置）を設定して、要撃戦闘機パイロットに対して、接近（接敵）する最適速度、高度、方向、相対距離を指令、通報します。

敵味方の相対位置（高度・距離）と速度によって、また空対空ミサイル、ロケット弾、機銃など要撃火器の種類に応じて、「正面から攻撃」、「真横から攻撃」、「後ろに回り込んで攻撃」、「上空に占位して真上から攻撃」などの最終接敵コースを選択して要撃機を誘導します。パイロットが射程圏内に目標を補足、照準して「ジュディ（後は俺に任せておけ！）」をコールした時点で「要撃管制（要撃指令）」は一段落し、「スタンバイ（交戦終了まで待機する）」となります。要撃管制官（幹部）はその間に、次の目標へ要撃機を再指向する索敵と計算に移ります。

現在は、これら防空戦闘の流れがコンピューター処理されています。従って、要撃管制官、パイロットそれぞれにリアルタイムに可視化された情報に基づいて、指令までコンピューターが行いますから、このようなシステムによって生ずる文化について改めて学習しなければならない時代となっています。

一方、侵攻する目標に対して、戦闘機ではなく地対空ミサイルの指向が最善の場合もあります。とりわけ対象目標が弾道ミサイルの場合は、目標の動態情報に最適の地対空ミサイルで対処します。戦闘機か地対空ミサイルか、どの目標に何を指向するかの判断・指令は、「兵器割り当て」と言い、警戒管制部隊に委任されています。

戦わずして勝つ幹部の育成

防大出身者は、専門的な仕事にとどまるのではなく、原則的には広範囲な知識と技術を持つジェネラリストをめざします。しかし、将官になるのは、同期の約一〇パーセント程度で、そのうち、四、五パーセントが三つ星の将（陸将・海将・空将）に昇任します。統幕長、陸・海・空幕長は四つ星ですが、それぞれが二年の任期とすれば、各期一人ずつ輩出するとは限りません。

私は、大滝根山レーダー・サイトから、防大の学生課勤務を経て指導教官を命ぜられました。防大学生課補導係在任中は、防大の学生をどのように育てるか、「防大生像」を描き、育成する基本となる計画の作成を担当しました。この経験がのちの空自幹部候補生学校勤務を熱望する原点になりました。それは、「自衛官の教育訓練」、わけても幹部の場合は、一義的に「戦時、戦闘に勝てる指揮官の育成」にあるわけですが、他方で「戦わずして目的を達成（勝利）できる考えを生める知性を持ち合わせる幹部の育成」に関心が強かったからです。

いわゆる「戦後レジーム」の七〇年間は、戦わずして勝った「専守防衛」時代でした。ところが、「集団的自衛権行使の容認」以降は、「武器の使用ができる戦い」に積極的になるばかりが目立ち、「戦わずして勝つ」、あるいは「武力行使の抑制（刀の緒）」という志向が影を潜めています。政府・与党の「加憲・改憲」論の強調点が「危険な積極性」に陥らないよう、単純な賛成・反対活動ではなく、しっかりとした根本的思考が見えるコンセンサス形成でありたいものです。

ソ連戦闘機の領空侵犯亡命事件に遭遇

次の任地は、青森県三沢基地に所在する航空警戒管制部隊「北部防空管制群」でした。要撃管制幹部としての里帰りです。そこで大事件に遭遇しました。昭和五一（一九七六）年九月六日午後、ソ連のベレンコ中尉の搭乗するソ連の最新鋭戦闘機（MIG25）が領空を侵犯し、函館空港に強行着陸して亡命を求めてきたのです。

当時、陸自、海自は、「ソ連の特殊部隊スペッツナッツが函館空港の亡命戦闘機を爆破するため潜入してくる恐れがある」という情報をもとに、部隊の警戒態勢を強化しました。北部防空管制群のオペレーション・ルームのアクリル版の地図には、函館空港を中心に半径五〇マイル（約八〇キロメートル）の円が描かれ、円内空域、海上、陸上での武器の使用も可能な緊迫状態に置かれました。

国際情勢と日本の防衛・安全保障は、それぞれが関係し合っており、独立していることはありません。しかし、自衛隊の創設後、日本には、自衛隊を含めて危機管理の感覚が鈍い時代がありました。昭和三七（一九六二）年のキューバ危機、同三八（一九六三）年のケネディ暗殺、同五八（一九八三）年のソ連による韓国民航機撃墜、同六二（一九八七）年のソ連領空侵犯機に対する空自による信号射撃の実施、平成元（一九八九）年のベルリンの壁崩壊――。これらは、戦争史において「大きな戦争が勃発するきっかけ」となった事件に酷似しています。

一方、これらの事案発生時、「軍事」という文脈において日本、あるいは自衛隊が緊張した形跡はありません。自衛隊の歴史を振り返る限り、例示した重大軍事事案に際して、自衛官の増強待機、特殊車両・艦船・作戦機などの急速整備による稼働率アップ、待機戦闘機の増強、主要指揮官・幕僚の待機態勢強化など目に見えた態勢アップは行われておりません。

しかし、ベレンコ中尉の領空侵犯事件において、防空管制群では独自の態勢強化が行われていました。それはシフト勤務要員の緊張感の高揚です。彼らは当然のように、個々全員が「最高度の集中力と持ち場における実力発揮の即応態勢」を継続していました。「針一本」落としても全員がその場所を一斉に目線で追える張りつめた空気でした。正直、「戦争できる仲間に恵まれている」と感じました（中尉は最終的にアメリカに亡命）。

ソ連戦闘機パイロットは、亡命先飛行場として函館を選択したわけですが、三沢の滑走路を選択した場合は、事態処理の結果が変わっていたかもしれません。三沢基地の管理権は、日米地位協定によってアメリカにあるからです。

地対空ミサイル部隊二四時間態勢への疑問

三沢での勤務の後、航空幕僚監部副官室勤務（航空幕僚副長副官）を経て、昭和五四（一九七九）年、対空ミサイル部隊（高射群）の指揮所運用隊長（福岡県背振山）を命ぜられました。地対空ミサイル発射部隊（高射隊）と指揮所運用隊は、二四時間、地対空ミサイルの即応のため待機に就いています。今日、北朝鮮の弾道ミサイル発射対応という危機管理を考えれば当然です。

しかし、当時、地対空ミサイル部隊が二四時間態勢のシフト勤務に就いていたことには問題を感じていました。理由は二つあります。

戦闘機が段階を追って領空侵犯に対処することについては疑義を挟む余地はありません。けれども、地対空ミサイルは、発射してしまえば目標を撃墜するわけですから、「平時の対領空侵犯措置」に適当ではないのです。これが一つです。

もう一つの理由も明確でした。朝鮮戦争が休戦時でも、「戦闘即応態勢」は維持されます。米軍は、日本に対して二四時間態勢を条件に、地対空ミサイルの対日無償供与を行いました。従って、当初、陸自が受け入れた高射部隊（第一高射群）は、昭和三九（一九六四）年、二四時間態勢を満たす対領空侵犯措置に就いている空自に移管されたわけです。しかし米軍の「戦闘即応態勢」をそのまま日本に適用するのは適切ではないと考えました。なぜならば、昭和三五（一九六〇）年の安保改定後であったとはいえ、平成二六（二〇一四）年の閣議決定、「米国との安保協力関係を意識した『集団的自衛権行使容認』」とは距離のある時代でしたから、休戦状態といえども、直接に自衛隊が朝鮮戦争に関与することはあり得ません。くわえて、日米安保下の日米共同が、作戦計画の研究さえ存在しない未熟な状況下、「条件付き地対空ミサイル供与」を受けること自体に問題があったはずです。

指揮所運用隊勤務の次は、戦闘航空団（第二航空団・千歳基地）防衛班長への配置でした。私にとって、空自作戦戦闘部隊三本の柱の残る一つへの勤務命令でした。こうして私は、「空自の三つの作戦」全てにおいて貴重で稀な勤務体験に恵まれることになります。

事故を起こし殉職した自衛官の叙勲問題

冷戦最前線の精強戦闘機部隊の次は、航空幕僚監部防衛部運用課勤務を命ぜられました。末端の幕僚は、防衛力整備、運用上の不備是正・改善、事態発生時の情報収集・指示の伝達を行う役割を負っています。

航空幕僚監部在勤中、昭和五七（一九八二）年一一月、空自戦技研究班飛行チームのブルーインパルスが浜松基地の航空祭で墜落する事故が発生しました。墜落事故現場では、お子さんが火傷を負うという重大事故でした。同時にこの事故は、自衛隊員の身分の問題を浮き彫りにしました。公務中の墜落事故で殉職したパイロットに業務上過失傷害の刑事罰が適用されたことです。

過去の事例では、松島基地を母基地とする戦闘機が訓練中、全日空機と空中衝突（「雫石事故」昭和四六（一九七一）年七月三〇日）した航空事故がありました。その際、当該戦闘機パイロットの教官が部隊内で手錠をかけられ逮捕されました。

浜松基地で殉職したパイロットの叙勲問題は、私が叙勲事務を担当する総務課長を拝命していた時に浮上しました。殉職パイロットは、刑事罰を受けていましたから叙勲の対象から除外されました。法的制約ですから仕方ありません。

しかし、命令によって殺傷と破壊を行う防衛任務の全うは、命がけで職務に従事している自衛官の究極の使命です。航空幕僚長は、ご遺族への思いと刑事罰によって叙勲は除外という法の狭間で悩み、自らご自宅を訪問し、ご霊前に「航空幕僚長感状」を捧げ叙勲に代えさせて頂いたことがありました。

この問題は、国連平和維持活動に従事する自衛官が武器を使用した場合にも生ずる可能性があります。今日の戦争は戦場が不特定で、戦闘員が戦闘服を着用しているとは限らないため戦闘員と非戦闘員の識別が困難で、「相手」を間違って殺傷する蓋然性が大です。自衛官が武器を使用した際、その「相手」が一般市民であれば、その自衛官は、日本国の法律に基づき、「業務上過失致死傷」の容疑者として手錠をかけられ検挙されます。自衛官に対するこの扱い、処遇には、真剣な検討が求められるでしょう。

米国留学でアメリカの戦い方を知る

昭和五八（一九八三）年から一年間、米国留学を経験します。米国空軍大学において高級将校課程で学ばせて頂きました。

この課程では、将官候補の学生に「軍政」を考えさせ、国家が直面している「国家防衛・安全保障戦略」に関わる識能の深化を期待します。卒業論文に準ずる研究には、「国防省・統合参謀本部・陸軍・海軍・空軍・海兵隊・各軍種のメジャー・コマンド」が抱える喫緊の課題が提供されています。

学生は、コンフィデンシャル（秘密区分）が付せられた「赤表紙のファイル」に収録されたテーマから、研究論文課題を選択します。自由課題は、指導教官の面接指導を受け決定します。論文が優れていれば、テーマを提起した部隊・機関は、当該学生に「やらせる」ためスカウトします。この方法は、米軍高級将校に対して学習意欲を刺激する効果がありました。

また、図上演習は、「アメリカ大統領、同盟国指導者、連合国各軍種指揮官」役を学生に演じさせ、アメリカが収集したコンフィデンシャル情報から、生起の蓋然性が高い戦争をシミュレーションします。ソ連が崩壊し、ロシアに置き換えられたことを除けば、私たちのテーマは、一九九一年に勃発する「湾岸戦争」そのものでした。この体験は、アメリカの戦い方を知る絶好の機会でした。

昭和五九（一九八四）年、米国空軍大学を卒業して帰国後、航空幕僚監部防衛課において日米防衛政策の総括を命ぜられました。一九八〇年代半ばの日米関係においては、「集団的自衛権の行使」がタブー状態でしたから、現在のように日米が実情報を交換するとか、アメリカの爆撃機を空自戦闘機が直接援護するなど、発想することすら厳禁でした。職務は、このようなネガティヴな時代精神を乗り越える政策的提言に結びつく作業を進めることでした。

その後、在日米軍、在日諸外国大使館付武官との調整窓口である総務課渉外班長を拝命しました。昭和六一（一九八六）年、中国から人民解放軍総参謀本部副長が来日、初めての自衛隊視察を行いました。

一行を空自愛知県小牧基地からヘリコプターで、奈良所在の幹部候補生学校訪問をエスコートした機内で目にしたことです。向かい合って座るので足下が見えます。彼らは、見栄えのする立派な仕立ての制服を着用していたのですが、靴下の色・柄、靴の形・色・靴紐の有無まで様々で、中国軍の実態を垣間見た気がしました。彼らが党員で、軍に籍を置いている特殊な軍人であることを考慮すれば、これで「軍の質」を測ることの適否が問われますが、「人の足下を見る」とはよく言ったものです。

空自初の「信号射撃」に直面

渉外勤務に続き、沖縄本島与座岳分屯基地司令を拝命しました。当時、与座岳、宮古島、久米島、沖永良部島に所在する南西航空警戒管制部隊は、まだ自動化されていませんでした。従って、与座岳では、監視管制に加え、敵味方識別、緊急発進指令、戦闘機で戦うか、地対空ミサイルかの選択と目標を指定する兵器割り当ての任務が与えられていました。

昭和六二（一九八七）年一二月九日、戦後、空自が外国軍の航空機に対して初めて実弾を発射した事件、「領空侵犯したソ連機に対する信号射撃」事件がありました。信号射撃というのは、戦闘機が装備する発射速度毎分四〇〇〇発の二〇ミリ機銃弾に混在している曳光弾を発射し、対象機パイロットに注意喚起と領空からの退去を促すものです。

信号射撃は、南西航空混成団司令（以下「南混団司令」、現在は南西航空方面隊司令官）から指令され、与座岳から戦闘機パイロットに伝えられました。この日早朝から、ベトナムのカムラン湾基地に駐留していたソ連軍勤務者の交代便と思われるソ連戦略爆撃機バジャーの南下が、空自スクランブル機によって探知、確認されていました。

同日、一一時頃から北上する航跡が南西空域防空識別圏内で探知されます。そこで与座岳から、第八三航空隊（現在は「航空団」）所属の戦闘機をスクランブル、宮古島付近で接近させ、ソ連の戦略爆撃機バジャーであることを目視確認、至近距離で行動監視していました。

すると、爆撃機は突然、沖縄本島西に達すると領空を侵犯、さらに沖縄本島を真東に横切り、米空軍嘉手納基地上空を通過する飛行を行ったのです。信号射撃はこの時点で行われたものです。さらに北上したソ連機は、沖永良部島付近領空を侵犯、北朝鮮西海域上空で他のソ連機と合流、朝鮮半島北部を北東進しています。

しかし、私は信号射撃の指令に反対でした。事件が収束した時点で、私は南混団司令に対し意見具申しました。


「引き金を引くな」


南混団司令が「撃て」の根拠としたのは、「対領空侵犯措置実施規則」でした。平成元（一九八八）年五月に放映されたＮＨＫ特別テレビ報道番組「いま日本の空では」での南混団司令へのインタビューで、一部ですがその規則は公にされています。

私のネガティヴな意見は、この実弾を交えた曳光弾の信号射撃は、「日本が戦争に踏み込む恐れのある判断」という考えに基づきます。

この規則は、テレビ放映で多くが知られるところとなりましたが、日本国内、しかも空自の規則であって、「秘」に指定されています。また信号射撃は、「国際民間航空機関」が注意を促していますが、「国際スタンダード」ではありません。従ってソ連機パイロットは、日本の対領空侵犯措置において「信号射撃が行われることを承知していない」と考えるのが妥当です。

さらにソ連は、韓国の民航機が領空侵犯した際に撃墜した国です。それらを考慮すると、ソ連機は空自戦闘機の射撃を感知して、正当防衛を理由に反撃してくる可能性がありました。それを考慮すべきでした。規則に忠実であることは、今日のデジタル化された機能における「判断のコンピューター依存」に見られる傾向であって、そこには、「迷い、疑問、恐れが生ずるアナログ」が介在していません。

このような軍事史に明らかな、「戦争に至る偶発的武力衝突」を考慮すれば、「信号射撃命令を出せるか」という課題が残ります。私は、それよりも、「国運を左右する決断」に当たって、むしろ弱気であっても、規則に反しても「恥をかいた方が宜しかったのではありませんか」と申し上げました。

デジタル的決断で何事も不具合が生じなければ、次からも実に簡単に「撃て」ということになってしまいます。この事案と決心は、一度の「前例」によって、次から、前にも増して「デジタル的」で無思考な行動に陥ってしまう危惧を示唆しています。

その後、私が百里基地第七航空団司令拝命時、パイロットたちに語っていたのは、「引き金を引くな」でした。「正当性が確立されて初めて引き金を引ける。その正当性を確立するためにまず犠牲になることを考えろ。殺される直前に脱出できればそれがベストだ。報復する正当性のエビデンスをつくるのが君たち最前線のミッションだ」ということでした。先に撃たれて脱出して浴びる批判、恥辱が日本の正義の保証になるのであれば、空自パイロットの忍耐は「真のヒーロー」足り得ると確信しています。

地方連絡部、航空幕僚監部総務課長など

経歴紹介を続けます。与座岳サイトから、当時の鳥取県自衛隊地方連絡部長に赴任しました。自衛隊に関わる県民の皆様への広報を通して国防・安全保障への理解を深化させること、災害時などの支援を進めること、隊員募集を行うことが職務となりました。バブル期の募集難をどのように乗り切るかが日々優先される時代でした。

湾岸戦争の勃発は鳥取在勤中でした。アメリカ空軍大学でのシミュレーションの体験から、日本時間平成三（一九九一）年一月一五日（開戦前日）、県の防衛協会婦人部「梨花会」における防衛講話でアメリカの「急速機動展開作戦」と「開戦間近」を解説し、留学体験の面目を施しま

した。

その後、航空幕僚監部総務課長を三年間拝命しました。その間、カンボジア国連平和維持活動派遣、空自の服制改正、政府専用機導入、ペルシャ湾機雷掃海派遣、空自輸送機アフリカ派遣、韓国空軍参謀長殉職（搭乗ヘリ墜落）葬儀への空幕長弔問、天皇皇后両陛下の空自輸送機での小笠原訪問など大きな業務に関わる職務に恵まれました。

次の職務は、平成六（一九九四）年、三沢市所在の北部航空警戒管制団司令の発令でした。三年間の勤務を願い出て、北海道・東北に展開する隷下警戒管制部隊（団司令部／防空管制群／警戒監視管制群／移動警戒隊／整備隊／警戒資料群など）の精強化を目指しました。その志半ばでしたが、翌年、百里基地司令兼第七航空団の司令への異動が発令され、茨城県に赴任しました。

民間との共用飛行場に

百里基地は、建設当初、首都圏に比較的近いこともあって、地元よりも外から参加する活動家が煽った基地反対運動が盛んでした。基地用地買収は、一坪地主の出現で困難を極め、現在、基地内誘導路を分断するように一部の私有地が残されています。その結果、誘導路は、そのスペースを避ける「く」の字状に建設されました。

このような飛行場機能の地形的障害は、平時においてはそれなりの対応が可能ですが、有事には「作戦遂行の障害」に変化します。千歳基地のような広大な飛行場においては、有事の航空機の駐機分散、掩体（戦闘機全体を覆う構築物……百里基地周辺の田畑に戦前の航空機掩体壕が遺されている）構築も可能ですが、百里基地内では不可能です。

その状態を変える可能性があったのが、百里基地を民間航空との共用飛行場にすることでした。しかし私の着任当時、茨城県からの共用申し入れに対して、自衛隊の側は保全を理由に断っていました。私は、「旅行客を乗せる民航機は有事には運航しない。一方、共用飛行場になれば、民間飛行場機能（駐機場、誘導路、格納庫、給油施設、ターミナル等）が新設される。夜間の騒音に対する制約が緩和される。道路などインフラ事業が進み基地へのアクセス時間短縮が実現する。共用の効果は、基地反対活動緩和に及ぶ」というメリットを優先すべきだと考えました。民間飛行場の併設事業は、この障害対応を含めて総合的にメリットが大きくなるわけです。

その結果、防衛施設局との受け入れコンセンサス形成が進みました。そして現在、百里基地は茨城空港との共用飛行場になっています。

これと併行して、基地反対運動家との交流も進みました。意見を異にする者が胸襟を開いて話し合うことを通じて、自衛隊に対するリスペクトは、自衛官が勤務する現場において、どのように生まれて行くのかという点で、百里基地司令在任時に貴重な体験をしました。

反対運動の地主との交流を通じて

百里基地反対運動は、三五年の経過で事情を変えていました。一九〇〇年代半ば、何千人も動員した活動は、主催者公表が二〇〇〇人程度のものになり、実体は子ども連れの二〇〇人位の参加になっていました。

それでも、私が着任した当時は、基地反対運動の残滓が基地と周辺との関係をギクシャクさせていた雰囲気がありました。その空気を変えようと、まず基地側から柵越しに挨拶することからはじめました。直近の「く」の字誘導路に頑張っている地主さんと、元ブルーインパルス隊長であった基地業務担当の群司令は、急速に接近しました。

そもそもの目的が基地反対シンパを増やすキャンペーンであった「春休みの高校生一坪運動地キャンプ」は、時代を経て、地主さん主催の「基地と飛行機が間近に見られるキャンプ」に変じていました。地主さんから基地業務群司令に、「高校生が来ても、飛行機が見えないから何とかしてほしい」と相談がありました。

春休みの三月末は、予算枠内の年間割当燃料を使い切り、実任務用の燃料しかありません。

戦闘機は飛行訓練を実施せず格納庫内で集中整備が行われており、外では見たくても見えないわけです。「何とか見せてやってくれないか」との相談に、部隊は、戦闘機や連絡機を特殊車両で「く」の字まで牽引して「展示広報」を行いました。もちろん、高校生たちは、大喜びだったということでした。

この地主さんに自衛隊のカレンダーをプレゼントするような関係もできました。離任の挨拶で地主さんの自宅訪問時、招じ入れてくださったのですが、カレンダーが見当たりませんでした。何と、活動家が来た時に批判されないよう、押し入れのふすまの裏にぶら下げてあるのを自慢げに見せてくれました。

ある日、土地に通ずる町道に朽ちた門が在ったのですが、基地業務群司令が、廃材を使って日曜大工で作り直してしまいました。そうすると、地主さんは、基地業務群司令に門扉の予備カギの一つを預けたというのです。そこで行われていた反対活動が、今では、航空機を見物しながらのバーベキューなどに変わっています。そこまでの信頼関係は、相互のリスペクトに通じるものです。

地元の市町村長との信頼関係も構築

自衛隊機墜落などの事故発生は、住民の生命財産を保護する責任がある市町村長にとって深刻な問題です。事故が起きれば自衛隊に対して厳しくガードするのは当然です。市町村長と信頼関係を育てるには、不断に良好な関係を築く努力を惜しまず、本音でお付き合いすることが大切です。他の基地で発生した事故や警備上の情報が報道される前に、丁寧に情報提供することで、相互の理解が深化します。

基地が所在する、あるいは隣接する市町村長との間で、直接コンタクトできるラインがあればベストです。事案が発生した場合、テレビや新聞よりも速やかに市町村長に情報提供することが、どのような価値を持つかを知らなければいけません。それが度重なれば、市町村の情報も入ってきます。深刻な問題でも、「司令、議会には自分が説明します」と忖度が生まれる関係に成熟して行きます。

筑波山の麓の原生林に空自の救難ヘリコプターが山岳地や森林での救助訓練を行う空域があります。ヘリコプターには、円形凸型の捜索窓（バブルウィンドウ）が装着されていて、捜索員がその窓に上半身を乗り出し眼下を捜索します。

ある日の訓練中、このバブルウィンドウが外れ、訓練空域に落下してしまいました。救難隊長から「まずいことが起きました」と報告がありましたので、「まず探そう」と空地から探索したのですが、一週間継続しても発見できませんでした。地元の方々に隠さず正直に状況を伝えました。「訓練空域」は、訓練日時を通報してその間、地上、空中ともに立ち入り禁止となります。手続き上は安全が確保されます。

一年後に、山菜狩りの方が偶然にそれを発見して届けてくれました。お礼に地元訪問した際、お茶菓子でもてなしてくれたそうです。自衛官が地元の方々に探索の状況を伝えるなど、気遣いの結果が好ましい関係の醸成になっていきました。

自衛隊へのリスペクトや自衛官の使命感は、「自衛隊の存在」が憲法に書き込まれて生まれるものではありません。リスペクトは、部隊所在地の人々と自衛官、部隊との地道で良好な交流の積み重ねの成果です。そして、「自衛隊、自衛官から地元へのリスペクト」がフィードバックされて「自衛隊、自衛官への理解とリスペクト」が生まれます。

最後の任務と退官後

私の制服自衛官としての最終任地は、奈良市内、平城宮趾東端、国分尼寺総寺法華寺境内であった土地の一角に所在する空自幹部候補生学校でした。ここは、防大生、防衛医大生、一般大生、航空学生、部内選抜、部内推薦、事務職から成る幹部候補生を年間通じて約七〇〇名育成する学校です。

学校長として最も恵まれていたのは、全てが、「幹部を目指す意欲にあふれた候補生」の教育・訓練のために存在、機能する唯一の機関であるということでした。いい加減な気持ちで過ごす候補生はいません。従って、感化や教育訓練の責任が大きいという特徴があります。

わけても一般大出身候補生は、軍事のプロをめざして熾烈な入校試験の競争を勝ちぬいた若者たちでしたから、意欲において優れていました。反面、部隊赴任後、幹部たちの緩んだ実態に出逢って失望し、退職していった例が少なくありません。空自の将来を左右する最も大切な時期に、責任ある感化を施す「最初で最後の教育機関」への赴任を長い間熱望していた願いがかない、「将来を嘱望される後輩」という仲間に出逢ったことは生涯の宝です。

平成一一（一九九九）年にユニフォームを脱ぎ退官しました。退官の年から平成一八（二〇〇六）年まで、防衛研究所戦史部長を拝命します。シビル（文民）の研究者たちを中心にして、国際軍事史学会への積極的参加、発表を行うことになりました。また、そこでの交流から派生した防衛研究所主催の「戦史研究国際フォーラム」や日韓交互主催「日韓歴史認識共同研究シンポジウム」など国際交流事業が盛んになったことは、戦史部の飛躍として同僚の力量に感慨深いものがあります。

防衛研究所を退職し、故田村秀昭（当時）参議院議員（防大一期生・工学博士）から「日韓歴史認識問題解決に力を貸せ」と引かれ、日本戦略研究フォーラムに在籍しました。田村氏が理事長就任を前にご逝去、私も存在意義を失いフォーラムを去ることになります。

防衛研究所では、在職時、若手研究者間に「地政学」を専門に扱う研究所、あるいは学会の設立を期待する話題がありました。六本木防衛庁時代の交流、および防衛研究所所長と部長という上下関係を通して知己であり、内閣官房副長官補を務められた柳澤協二氏を担ぎ出して、平成二三（二〇一一）年、「特定非営利活動法人国際地政学研究所」を設立し、現在、柳澤理事長の下で理事（事務局長）を名乗り、安全保障に関わるワークショップ、ジオポリティークと名を変えた地政学講座、シンポジウムを中心に活動しています。

四、自衛隊はどうあるべきか

「自衛隊の位置付け」という命題は実に大切です。その解を得る順序立てを整理してみます。まず「国のかたち」について「国民の合意（コンセンサス）」が必要です。次に、その国を守ること、防衛・安全保障に直接寄与する自衛隊の「役割（行動任務）」を規定することが大切です。三番目が、そうした役割を果たす防衛力の規模を定量的に決めることであり、現在の防衛計画の大綱「別表」を根本的に見直し、情勢変化に対応する段階・区分を設定し、強化、拡大の指針を可能な限り定量的に示すことです。

加えて、憲法が示す理念を超える行動が求められる場合は、「自衛隊の行動発起が絶対不可欠」であり、憲法の歯止めを外して行動を可能にするために、「憲法を変えるかどうか」を問わなければなりません。憲法の理念を柔軟に解釈して自衛隊が行動を起こせるのであれば、下位の法律で行動を律すれば事足ります。しかし、任務の拡大には、憲法の理念を戴した正義と合憲性が必ず求められます。

このように考えると、安倍首相の加憲案については、単に「憲法に自衛隊を明記する」ことが「ゴール」と考えられており、国際社会における国の姿や、命がけとなる防衛を身をもって体現しなければならない「国民の覚悟」が見えません。加憲案そのものへの評価は最後にまとめて行いますが、ここでは、「自衛隊の位置付け」の解、あるいは「解を求めるプロセス」がうかがえないということを指摘しておきます。

武力行使とシビリアン・コントロール

これまでも自衛隊の行動が拡大されるケースがありました。その際、多くの場合は、「自衛隊の防衛力行使の歯止め」を外すことについて、現憲法の理念において議論を重ね、実に慎重に自衛隊の新たな任務付与を行ってきました。

しかし、二〇一四年の「集団的自衛権行使の容認」以来、日本では、「武器を使用することができる」法制があとを追って整備され、次は、「憲法」の「改憲・加憲」によってダメ押しされようとしています。「自衛隊の武器使用を伴う行動を容易に行うことができる」という改憲・加憲には、特別に慎重でなければいけません。

改憲・加憲がたとえ成立したとしても、軍事上の衝突を回避する、あるいは正当性を担保する「抜刀戒めの紙縒り」が必要です。自衛官の武器使用については「安全保障法制」が検討された結果、多くの場合「合理的と判断される範囲において」許容されるとしていますが、基準が軍事的合理性のみに傾かないように「正当性が担保できる場合に限り」とすることも必要でしょう。

悩ましいのは、自衛隊の任務遂行の根底に「軍事的合理性」が常に存在することです。軍事力行使の合理性は、最終的に「戦争に勝利する」ことであり、「戦闘の局面を有利に推移させる手段を作為する」ことです。そこでは、勝利に寄与する殺戮と破壊が許容されます。従って、一般的に言われる「秩序の維持」、「社会的正義」に裏付けられ、「効率性・経済性・利便性」などが重んじられる合理性とはその概念において乖離します。

もう一つの重要な部分は、シビリアン・コントロールです。シビリアン・コントロールは、政治家や官僚が国民に代わって自衛隊の武力行使をコントロールします。その際、シビリアン・コントロールの合理性は、軍事的合理性と衝突します。

しかし残念ながら、シビリアン・コントロールの能力が低く機能しないこともあり得ます。最悪の場合、軍事的合理性が勝って、大東亜戦争時と同様の社会現象に陥ります。

現状の問題をあえて申し上げれば、シビリアン・コントロールが、国民の自衛隊に対するリスペクトを壊していると思えます。自衛隊の日報問題を客観的に見る限り、「シビリアン・コントロールの拙劣さ、統率力の原点である徳の不足」から、責任を全て部下自衛官に押し付け、本来「保管されていて当然の日報」が出てきたと、「指揮官」自ら自衛官を糾弾して片付けようとする言動が目立ちます。

「服務の宣誓」と「心がまえ」

さらに私が指摘したいのは自衛官の身分の問題です。この問題の解決が、今より以上に「自衛官自身に誇りと個々の自覚である『使命感』」を与えるはずです。

自衛隊は、国の防衛・安全保障を国民から負託され、「命がけで」その使命を遂行するために存在することを第一義とします。他方、自衛隊員が使命遂行に邁進(まい)する精神的指針は、「自衛隊員の服務の宣誓」(昭和二九年六月三〇日総理府令第四十号自衛隊法施行規則)および「自衛官の心構え」(昭和三六年六月二八日制定)に示されています。

「宣誓」

私は、我が国の平和と独立を守る自衛隊の使命を自覚し、日本国憲法及び法令を遵守し、一致団結、厳正な規律を保持し、常に徳操を養い、人格を尊重し、心身を鍛え、技能を磨き、政治的活動に関与せず、強い責任感をもつて専心職務の遂行に当たり、事に臨んでは危険を顧みず、身をもつて責務の完遂に務め、もつて国民の負託にこたえることを誓います。

「自衛官の心がまえ」(抜粋——文責:筆者)

自衛隊の使命は、わが国の平和と独立を守り、国の安全を保つことであり、そのため、自衛隊は、直接及び間接の侵略を未然に防止し、万一の侵略を排除する。

自衛隊は常に国民とともに存在する。よって、最高指揮官は内閣総理大臣であり、その運営の基本については国会の統制を受けるものである。

自衛官は、有事においては勿論、平時においても、常に国民の心を自己の心とし、一身の利害を越えて公に尽すことに誇りをもたなければならない。

自衛官の精神の基盤となるものは健全な国民精神である。別けても自己を高め、人を愛し、民族と祖国をおもう心は、正しい民族愛、祖国愛としてつねに自衛官の精神の基調となるものである。

われわれは自衛官の本質に顧み、政治的活動に関与せず、自衛官としての名誉ある使命に深く思いを致し、高い誇りを持ち、「使命の自覚」、「個人の充実」、「責任の遂行」、「規律の厳守」、「団結の強化」を基本として日夜訓練に励み、修養を怠らず、ことに臨んでは、身をもって職責を完遂する覚悟がなくてはならない。

「国民の期待と負託」が決定的

これらは、自衛官に与えられた契約的指針であり服務指針です。前者は、日本国憲法の理念を謳っており、それには非の打ちどころがありません。後者は、自衛官として成熟させるべき徳目を示しています。しかし、本来、自衛官の内から湧き出る精神的支柱というのは何でしょうか。自衛隊ではそれを「使命感」と言います。

「宣誓」や「心構え」は、組織が求める精神要綱です。本来、この精神は、小銃や戦闘服などの個人装具同様に組織から与えられるものではなく、自衛官個人が自ら培い、身につけなければなりません。自衛官を志す多岐多様、千差万別の生い立ち、性格を持つ青年たちが、「自衛官の心構え」という価値観を共有するのは容易ではありません。

国連平和維持活動における「駆けつけ警護」、「宿営地の共同防護」の任務付与は、「目前の相手に銃口を向け引き金を引く」命令でもあります。「撃て！」の号令が瞬時に引き金を引かせるのでしょうか。

明治維新後の日本軍では、軍人の動作が条件反射の域に達するまで、「ご真影（天皇の写真）拝礼、「教育勅語」と「軍人勅諭」の暗誦、「基本教練」の繰り返しによって、「戦闘精神の共有」が作為されました。少なくとも、二〇一四年に閣議決定された日本の防衛政策の「集団的自衛権行使」への転換に至るまで、専守防衛時代の自衛官は、「国民の負託」によって、故郷（ふるさと）、同胞・仲間・家族を守るため、命懸けのプロ意識にたどり着いていました。

今日、「国際秩序のために命をかける集団的自衛権行使体制下の自衛官」への意識転換が必要な現実があります。それならば、「政治家の都合」ではなく、「国民の期待と負託」によって自衛官がプロ意識を持てるように考えなければならないでしょう。

憲法が示す国のかたち

吉田茂首相（当時）は、「平和国家建設の国際的認知が国際社会復帰と講和条約締結の最善の前提」と考えました。日本国民の総意は、「軍隊を保有しない平和国家建設である」とアピールしました。

吉田が抱いていたもう一つの狙いは、「軍備には金がかかる。日本再興のため経済を最優先に活性させる。防衛力整備への投資はその障害となる。国防・安全保障は、世界最強の米軍が日本に駐留することで万全を図る」というものでした。

もっとも、吉田の腹の底には、国防の重要性、防衛力の整備という意識がありました。防大一期生の大磯の自宅訪問を歓迎し、「君たちが日本の防衛・安全保障の核心になるんだ。頼んだぞ」と強く指導されたそうです。「平和国家建設、講和条約にとって再軍備は大きな障害」という認識は、「自衛隊は軍隊にあらず」というタテマエを貫く態度に現われていたと考えます。

「国を守る、国民を守る」、その「日本の国のかたち」そして、この国の「防衛・安全保障のあり方」の理念は、憲法が示しています。この根本を国民に向かって発信したのは、終戦後、国造りのコンセンサスを求め、平和国家を具現する時期にあって、吉田が行った、昭和二五（一九五〇）年一月二三日の第七回国会本会議施政方針演説でした。

「戦争放棄に徹することは、決して自衛権の放棄を意味するものではありません。わが国の安定的な安全保障は、国民が自ら平和と秩序を尊び、重んじ、価値観を共有する他の諸国とともに国際正義にくみする精神、態度を内外に明瞭にするところに根ざしております。そして、国民が世界平和のための貢献を惜しまない姿勢を内外に示すことによって必ずや報われる平和主義の基本理念であります」

「もし日本に軍備が無ければ、自衛権があっても自衛権を行使する有効な手段が無い事態を招く危惧が生じます。そこで、脅威が及ばないように、我が国が専守防衛に徹し自衛権行使に必要な自衛手段を保有することは国内外の認めるところであります」

国政においては、このように時局に適った憲法解釈が行われ国民に分かるよう政策を解説するのが国のリーダーの務めでしょう。これによって自衛官は「憲法」と「自衛官の心構え」に加え、自衛隊最高指揮官から直接に「日本国防衛・安全保障に関わる指揮官の意図」を聴き取れるわけです。よって、「使命感」は、共有する任務に基づき、指揮官の意図を体して高揚することになります。

自衛隊に対する高いリスペクトの別の側面

「自衛隊を憲法に明記して違憲論を払拭すれば、自衛隊に対する国民のリスペクトが生まれる」と言う人がいます。しかし、自衛隊はすでに、国際活動において国際社会の信頼を得、また災害派遣活動を通じて国民との絆を強くして、良い印象を抱いている国民が約九〇パーセントです（二〇一八年内閣大臣官房広報室調査）。国民の多くは自衛隊を認知し、諸活動を高く評価（同調査で海外活動約八七パーセント、災害派遣約九五パーセント）していることから、すでに自衛隊は十二分のリスペクトを受けていると考えられます。

しかし、私は、この数値を諸手を挙げて歓迎すべきではないと考えます。確かに自衛隊の諸活動に対する高いリスペクトは歓迎します。しかし、その数値をもたらした要因は、自衛官が国民の苦しみや悲しみに直接触れて、身をもって守る、助ける行為を示したことにあります。

先の大戦時には、国民総出で出征兵士を日の丸の小旗を打ち振って見送り、戦勝に沸くなどしました。しかし、このように「国民にとって軍人さんはヒーロー」となるのは、むしろ危険な状態です。これは、裏を返せば、国民に危機感が生まれている、あるいは戦争被害が及んでいて、敵と戦って身内が戦死しているかもしれないという社会現象への反応です。

自衛隊が派遣された災害においては、犠牲、損害、喪失など被害が甚大に及んでいます。そして自衛隊の活躍が国民を救って、自衛隊、自衛官はヒーローになります。自衛隊の存在が顕現するのは、このように「国民が悲しんで泣いている時に救済する役割」を果たすからです。

言葉を替えれば、国民が悲しんでいる時に保護、救助を行うのが自衛隊であって、自衛隊の活躍が顕著になることは国民に悲しみが生じている時であると言えるのです。従って、「九〇％以上の国民が支持するという数字」は、もう少し厳密かつ冷静にその理由を考慮しなければいけません。支持されているから喜ばしいと単純には言えないのです。

自衛隊に対する多様な世論が大切

それでは理想はどのような数値でしょうか。

「積極的に自衛隊が必要だ」と考える人が約三〇％としましょう。「国防安全保障にとって自衛隊はこのような役割を果たす」と、具体的に必要性を分析できる方々の一群です。

次が、安全保障の詳細は分からないが、「役に立っている」、「積極的には関心がないけれど嫌いじゃない」という一群です。これも三〇％程度とします。

三番目の三〇％はどうか。「金をかけすぎ」、「戦闘機一機節約すれば、随分といいことができる」、「平時は国土建設隊で利用できる」と言いながら、積極的な反対に回るわけではない一群です。

そして残りの約一〇%は、いわゆる「平和主義者」ということになるでしょうか。D・マッカーサーが主張した「非武装永世中立国家」願望に固まった一群、「大東亜戦争」のトラウマから抜け出ない人々、内容は戦争の悲惨さを訴えているのに「戦争博物館」ではなく「平和祈念館」の名称にこだわる人々などの存在です。

このような分布が理想と考えます。その数値は、「平穏無事」が続く象徴となるのではないでしょうか。戦争反対は万人の願いです。「戦争反対」は、「軍隊（自衛隊）」反対を叫ぶ方々だけの言葉ではありません。「戦争大好き」は、兵器商人です。このように多様な世論があって、その割合がどのように分散しているのが健全なのかを考えるべきです。九〇パーセントが自衛隊に好感を抱いていると手放しで喜ぶ空気は、如何なものかと考えます。

自衛隊に対するリスペクトの意味

平成二三（二〇一一）年三月一一日東日本大震災発生時、私は、亜細亜大法学部に勤務する非常勤講師でした。教え子の石巻出身の大学三年生から私へのメールを紹介します。

「先生は航空自衛官だったんですよね？　僕は、今、自衛隊の人たちと一緒にボランティアで遺体の捜索をしています。陸上自衛隊の人が遺体を発見した時に、全員手袋を外して遺体を運んでおられました。すごく感激しました。胸を打たれました。自衛隊を尊敬します」若者の活動への参加はもちろんのこと、犠牲者に対する「哀悼」を知っているからこそ、現場の自衛官の印象を伝えてくれた「感性」に感服しました。「今どきの若者は」と批判しがちな社会ですが、素晴らしい青年が育っています。自衛官も同様です。災害派遣の自衛隊に対して、「見事にも感性の豊かな視点」でコメントを伝えてくれたことが忘れられません。

陸自自衛官たちの示した小さな心遣いが「使命感」の成熟であり、国民からの信頼、リスペクトを得ています。改めて、「加憲」の薄っぺらさが目立ってしまいます。「国民が真に自衛隊と共にいる」、そして「自衛官が国際的に優れた軍人である」ことを国、国民が認め得る憲法であることが望ましいと考えます。今、国民は自衛隊に対してこういう印象を抱いているわけですから、憲法を改める必要はないのです。

五、加憲案それ自体をどう見るか

自衛隊を誤って動かす危険を防ぐ

安倍首相の「加憲案」が浮上することにより、現在、「改憲・加憲」を提起する側がどのような問題意識、動機を抱いているのか分からなくなっています。この国をどうするために憲法を変えるのかが見えてきません。

自民党大会での総裁演説には、「違憲論争に終止符を打つために変えたい」と発信した通り、極端には、変えることへの「奇妙な使命感」にとらわれている空気が充満しています。「何故？」という問いへの答えは、ただ自衛隊の武器使用を伴う国際的活動を一つひとつ議論して決定する「民主主義の手法が面倒だ」と言わんばかりでした。必要性の理由があるのかないのかの大事な部分には踏み込んでいません。

改憲の実現には、国民すべてを巻き込んでコンセンサスを得る作業が必須です。政府および与党だけの作業で是非を問うことが、三分の二以上の議席獲得与党の特権ではありません。改憲論議には段階と順序が必要です。「これまで繰り返されているから分かっているだろう」と、段階を踏むことを省略するのは暴論です。学習不足の上、国会議員になる資格試験が必要なくらい国政を担う識見能力に乏しい議員が目立つ国会です。改憲・加憲の企図が単に「自衛隊を動かし易くする」ことに集約される場合、シビリアン・コントロールの機能が優れて成熟していないと、自衛隊を誤って動かす危険性が増します。そのためにも、「間違いを犯し難くしておく」ことが望まれます。

論理矛盾を回避するタテマエ

現時点において、「加憲」は安倍首相主導で、与党内の体制派が担ぎ、反体制派が無抵抗という構図です。従って、「多数決」に至れば、「護憲派からの理解」、「改憲派からの反発」、「中道や無党派層の不支持」は、「ごまめの歯ぎしり」に過ぎず、障害となりません。

お祭り騒ぎ半分であったにせよ、一九六〇年代の反安保闘争時と同様の国民運動に発展する大きなうねりが生じない限り、「安倍政権の多数決政治」が罷り通っていくでしょう。多数決が認められている民主主義においては、手続き上合法であれば「文句」は言えません。

しかも、国民は結果を表層的に捉えがちであり、深層に立ち入ることなく「自衛隊が憲法に書き込まれた」事実を受け入れます。時間の経過は、次に問題が起きる時まで「加憲・改憲」論がなかったことにしてしまいます。野党は、自らの健闘をたたえ、「多勢に無勢」を嘆き、有権者に対しては、「自分にできることはしたが、残念ながら」と、自分が悪いのではないと言います。

その結果、まだ当分は「自衛隊が自衛隊で、自衛官が自衛官」であり続けます。

昭和二五（一九五〇）年一月二三日の第七回国会本会議における吉田首相（当時）の施政方針

演説を重ねて引用します。

「戦争放棄に徹することは、決して自衛権の放棄を意味するものではありません。……（中略）……もし日本に軍備が無ければ、自衛権があっても自衛権を行使する有効な手段が無い事態を招く危惧が生じます。そこで、脅威が及ばないように、我が国が専守防衛に徹し自衛権行使に必要な自衛手段を保有することは国内外の認めるところであります」

少なくとも、平成二六（二〇一四）年七月、日本が「集団的自衛権行使の容認」に防衛・安全保障政策を転換するまで、この「平和主義だから自衛隊を保有する」という理屈がコンセンサスでした。論理矛盾を努めて回避するため、「軍事力と似て非なる自衛隊を保有」するタテマエを貫いてきました。

昭和二九（一九五四）年、「自衛隊」の名称発生時に、「自衛隊は軍隊」とする野党意見に対して、吉田は、「軍隊という定義にもよりますが、これにいわゆる戦力がないことは明らかであります」と、「自衛隊は軍隊ではない」順接のタテマエを強化しています。

しかし、これまでは、「自衛官を国際スタンダードの軍人」扱いできない悩ましさがあり続けました。

「加憲」がもたらす軍事行動の安易さ

他方で、「違憲」という文脈を本音では肯定しながら、タテマエで「違憲」を否定してきた現実があります。安倍自民党総裁の党大会演説の「違憲論争に終止符を打つ」という言葉には、ジレンマ解消の企図が明確です。すなわち、「平和主義に基づき軍事力の保有を認めない」が、「例外として自衛隊を保有する」という論理矛盾を引きずりながら、逆接の文脈を受け入れてきた窮屈な現実を解消するために、「改憲」に時間をかけるよりは時間のかからない「加憲」を選択するという姿勢が見えます。

これまで度々「違憲論争」が生じました。それでも時代と時代精神に適応した「武力集団である自衛隊の武器使用を伴う例外的行動の容認」は、憲法との適合性において議論され、与野党のコンセンサスにたどり着かなくても、多数決が結論を導きました。このことは、「現憲法第九条」が、防衛・安全保障政策決定の都度行われる是々非々議論の核心部分であり、「自衛隊が積極的に武器を使用できる範囲を拡大する防衛政策の歯止め」になっていたことを示しています。

しかし、「加憲」による「自衛隊とその最高指揮官の明記」は、武器の使用を伴う自衛隊の行動判断に「安易さ」をもたらし、過ちを生じ易くしかねません。それは、先に述べたように、自衛隊の最高指揮官が行う「決心」と自衛隊の「指揮」が内閣総理大臣に委ねられるからです。

歴史は、「国家の命運を左右した武力行使の禍根」をいくつも指摘しています。加えて、国会の議論を経るのではなく、国会に絶対多数を占める政党が生まれ、特定の指導者が、多数決原理を巧みに行使して、いわば独裁的に物事を決する体制がつくられた「ヒトラーの『指導者原理』行使」のような歴史の指摘もあります。そうなると、国家最大の実力組織の最高指揮官の「決定権」掌握は、理屈の上でシビリアン・コントロールされてはいるものの、最高権力者以外のシビリアン・コントロールが存在しない国家体制に陥ってしまいます。

改憲をめぐるさまざまな立場の比較

諸案があります。

受け入れやすいのは順接の成文です。「一項」を受け、「よって、この理念を実現するため自衛隊を置く」と明記する方法が考えられます。「自衛隊が認知されている現実」の受容と「大原則としての平和主義と専守防衛」の維持が適う言い方になるのですが、これではやはり最高指揮官の「独善的な自衛隊に対する指揮」の問題は解決できません。

またこの案でも、「平和主義のための自衛隊」という自己矛盾を払拭できず、何のための加憲か分からなくします。このような「作文上の技法」に陥ると、「憲法と自衛隊を玩具にする」行為が顕わになります。しかも、私が提起している重要課題、「自衛官の身分」の改善には全く寄与しません。

妥協を「落としどころ」とするのは、結果的に、先の戦争で帝国陸・海軍が「北進」、「南進」の対立、絶対国防圏の線引きで妥協して双方の戦略が無意味に陥った結果、日本を亡国へと向かわせた軍政と似通っています。いたずらな妥協に最善策はありません。

恐らく最善の妥協を見出すとすれば、これまで果たしてきた「憲法九条の歯止め」に代わる「関連法」の整備で補完することでしょう。その関連法に「強い歯止め」を設けることで、「自衛隊を集団的自衛権行使の戦争に向かわせる積極的意思」が独走する危惧を払拭しておくわけです。

もう一方で、改憲派には「自衛隊を正規軍にする」という主張があります。過剰に強く主張するグループは、「今日、自衛隊を動き難くしている制約を排除し、わけても武力行使の制約を自由圏先進国並みにすべきだ」と主張しています。

この案は、自衛官の身分を国際スタンダードにすることになりますが、強い信念だけで受け入れられるものではありません。先の戦争における「軍隊のコントロールに失敗し、逆に政治をコントロールされた」体験がどのように生かされるのか、道筋をつけ、長い時間をかけ、歴史を含めた調査研究に基づく「軍隊のかたち」を示す必要があります。

そもそも、自衛隊の創設自体が、じっくり腰を据えて考えられたものではなく、「朝鮮戦争」にトリガーを引かれた、占領軍不在の補完となる国内治安対処を目的とした「泥縄の警察予備隊」であったわけですから、生い立ちが不幸でした。その意味においても、この「加憲・改憲」の提起を好機と捉え、時間をかけ、「日本の国のかたち」について国民的コンセンサスを得ることから始めなければならないと考えます。

「税金泥棒」は平和な時代のあかし

戦後七〇年は、結果として、平和国家をめざして国民が努力し、地球上まれな「戦争と無縁な国家」を顕現させました。しかし、戦争と決別していた日本人は、この間に、「戦争の本質」について学習することを忘れ、「軍事力」を忌むべき存在とみなし、「軍事力の役割」を顧みることもありませんでした。言葉を変えた「防衛力」は、平和な時代にあって「金食い虫」としか見られませんでした。

その結果、自衛官が税金泥棒と言われることがあります。そう言われた個人的な経験もあります。

しかし、その風潮は、戦争と無縁の時代に繰り返される言葉です。平和で、存在が希薄になれば、税金で組織が維持されているのですから風当たりが強くなって当然です。「税金泥棒」呼ばわりが、国や国民に戦争の不安を与えない時代精神の象徴であれば、国民の目に映らないところで自衛隊が役立っている証左ですから「悪くない響き」でもあります。第一次大戦と第二次大戦の戦間「軍縮時期」の軍人に対しても、同様の陰口があったと言われます。自衛官は、悪事を働いているわけではありませんから、後ろめたい気持ちになる必要はありません。

自衛隊が真に役立ち、多くの人々から期待、依存、感謝、激励、賞賛の言葉が発せられるならば、それは日本が危機にさらされているか、災害などで国民が悲嘆にくれている状態です。このように国民の意識が危機に敏感になっている時は、「自衛隊が何のために存在するのか見える」わけであり、「税金泥棒」とは言われません。しかし、こういう時代が国民にとっていいはずがありません。

戦争に伴う「犠牲」を誰もが口にしない

一方、日本が戦争と無縁な国になった結果、新たな問題が生まれました。日本国民にとっては当然のことですが、戦争に必至の「犠牲」は自分とは関係のない存在となりました。

今日、「北朝鮮から弾道ミサイルが発射され、日本に着弾すれば犠牲者が出る」という必然でさえ他人事になっています。幼稚園児に小さな両手で頭を抱えさせ、うずくまることで助かると思いこませています。その姿と、シリアの無辜（むこ）の人々、わけても幼児や児童がミサイルや砲弾に曝（さら）され血まみれになっているテレビ画像とのギャップが余りにも大き過ぎます。

安倍首相以下、政治家が「犠牲」を口に出すことを避けているのは何故でしょうか。第二次世界大戦時、ロンドンを目標としたドイツのロケット攻撃に対して、乞われて首相の座に戻ったチャーチルは、「私が戻ってきたからロンドン市民に犠牲が出なくなると思うのは間違っている。共に命懸けの覚悟を固めてこそロンドン、イギリスを防衛してヒトラーに勝つことができる」と演説しました。

金銭、衣食住に恵まれていても、私たちは、国の政治が貧困であることに自覚がありません。国の防衛・安全保障の原点は、「国の主権、国民の生命財産」が脅かされた時、殺傷と破壊の対象になる事態を如何に回避、局限、救済できるかにあります。「犠牲ゼロ」では済まない「攻撃の蓋然性の高まり」に対して国民に「覚悟」を促せるのでしょうか。

人は自分には災害が及ばないと思いがちですがそうではありません。地対空ミサイルの導入の度に、「これで北朝鮮の弾道ミサイルを防げる」と国が発信することで、日本国民には、自衛隊が守ってくれるという錯覚が生じています。

総理大臣の責任はどこにあるのか

三・一一東日本大震災に総数約一四万人の陸自自衛官のうち、一日最多約七万人が出動しました。四か月後の七月一四日現在に至っても、死者・行方不明者数の合計が一〇〇人以上の自治体は、岩手県、宮城県、福島県の二二市町村に及んでいました。単純にこれら市町村への陸自災害派遣を割り当てると、約三二〇〇人となります。発災直後は二四時間連続の活動三日間（生存可能時間基準）が必須ですから、二交代すると現場には一六〇〇人しか居ません。この記録には、いざという時、自衛隊の能力を超えることが検証されています。

他国からの攻撃は、「殺戮と破壊」という恐怖を与え、日本に対し彼らの意思を強要する目的を持っています。防衛・安全保障の成否は、チャーチルが言ったように、国民の意思である「覚悟」に基づく「忍耐」に依存します。

安倍首相は、責務を果たさなければなりません。自ら「防衛・安全保障に犠牲が必至である。その犠牲は、戦闘員、非戦闘員（市民）の別なく発生する。攻撃が繰り返される殺戮・破壊には、自然災害以上に忍耐と絆が求められる」ことを国民に伝え、「覚悟」を呼びかける責務です。

安倍首相は、二〇一八年三月、防衛大学校卒業式訓示で「自分は、自衛隊の最高指揮官である」と幾度も繰り返したと言われます。戦争と軍事にポジティヴな政策を進めるのであれば、自衛官はもとより、国民の犠牲を覚悟したリーダーシップが求められます。憲法を変えれば覚悟ができるわけではありません。平成二六（二〇一四）年七月、「集団的自衛権行使の容認」が閣議決定されました。安全保障に関わる国策の大転換には、国民の「覚悟」というコンセンサスが必要でしたが、求められませんでした。

自分にとって九条は何の障害でもなかった

憲法第九条に関わる考えを整理してみます。

村山富市首相（当時、社会党）は、平成六（一九九四）年七月二〇日、第一三〇回国会の所信表明演説で「自衛隊合憲」、「日米安保堅持」を明言し、「違憲」闘争の旗手であった日本社会党の政策転換、日米安保体制の堅持を確認しています。これにより、「違憲論争」の大きな勢力の主張と五五年体制に終止符が打たれたはずです。

「憲法」は、「国のかたち」とその「防衛・安全保障の在り方」の理念を示しています。従って、「自衛隊の保有」という憲法への明記は蛇足です。また、憲法に対応する自衛隊の役割とその姿は、時代精神によって変化します。

「自分史」を振り返りますと、「憲法第九条」と「違憲」が重大な障害として存在したことがありません。自衛隊の役割と行動が海外に拡大される時代、「憲法違反であるから」とされた問題は、全てにおいて合憲の手続きが行われたからでもあります。

自衛官には、憲法第九条に対する不満があるのでしょうか。私自身の自衛官時代を通して、自衛官としての立場を誇りに思うことがあっても、恥ずかしさを感ずることは皆無でした。自衛隊の不祥事に厳しい目が向けられることは、自衛隊への国民のリスペクトと期待を裏返しにした現実的なしるしです。

今日、自衛隊は名実ともに優れた国家防衛組織に成長し、憲法の理念に基づき、可能な限り、国際社会の秩序維持、復興、救難などに貢献しています。極論すれば、「自衛隊違憲論争」が続く限り、それは、日本が平和である証左です。「違憲」ではない時代は、日本が脅威に脅かされ、国民すべてが一丸となって、脅威と対峙しなければならない時代であると考えます。

また、自衛官の日常は、メディアのニュースを見て、「自分たちのことを言っている」と捉えても、当事者でない限り、本気で「困った問題」として気に病み、「自衛官でいられなくなるのか」と生活に困る悩みに陥るようなことはありません。部隊運営・教育・訓練・演習・災害派遣など、日々の服務生活を含め任務を全うすることに集中していて、あるいは追われていて、「自衛隊の憲法問題」に気を回す余裕などないというのが本音です。

憲法と現実との齟齬をどう捉えるか

時代が移り、情勢変化が必然の社会現象において、憲法は、現実との矛盾が発生することを前提として作文されていなければいけません。従って、「憲法を変えなければ、現実との矛盾は残る」という「違憲」ならぬ「意見」が生ずるのは必然です。

しかし、「憲法」を日本国の「国のかたち」と「存続のためのあり方」を示した「理念」として受け止めれば、条文を弄り回す必要がないことが分かります。「現実」と「憲法」との間に乖離が生じた時にどうするのか。乖離が原因で国が成り行かないならば、国民に問えるはずです。

政治的、学際的に解決できない場合、究極の選択が改憲になります。「軍事力による国防」こそ「究極の国家生存の選択」ですから、将来を観ても、憲法上、合法云々の議論は笑止です。なぜならば、国家存亡の緊急事態においては、「国家緊急権」、「国家非常事態法」で対処することが当然だからです。

現在、自衛隊が国民の身近に存在するのは、自衛官が国内外において努力してきたからです。

自衛隊の憲法上の認知については、自衛隊が海外における国連平和活動に参加を始めた時代から「違憲論争」のボルテージが上がり、役割拡大の都度、「合憲議論」も繰り返されました。しかし、「憲法」が変わることなく、自衛隊の活動が認められ、海外任務を中止することなく国際貢献を継続してきました。

最大の悩ましい、しかも自衛官にとって深刻なことは、「国内的にはもとより、自衛官が国際社会において『軍人扱い』されているのか」という問題です。「改憲・加憲」の俎上で、この問題が扱われず、「自衛隊の明記」で全てが解決するかに扱われていることに対して、「政治的活動に関与してはならない」自衛官が一言も発せずにいます。まさに「政争の具」と化す現状を嘆かわしく思います。この本質をとらえた議論を行うことこそ、シビリアン・コントロールが自衛官に信頼される源と考えます。

「憲法」には権威がありますが、実を伴う「誇り」や「リスペクト」を生みません。自衛官は、その「実」を追求し続けています。

むしろ、求められるのは、「自衛官の身分」を国際社会のスタンダードに合わせ、自衛官に他国の軍人から恥をかかされないよう制度の補完を行うことです。

「軍事的合理性」の下で殺傷や破壊を命ぜられる自衛官の立場は成り行くのでしょうか。現状に忍耐し任務に就く自衛官をやせ我慢から解放し、その「誇り」と「使命感」を湧き立たせるために、この問題を優先して解決しなければなりません。

非常勤特別職公務員である国会議員には、「不逮捕特権（国会法第三三条）」や「免責特権（憲法第五一条）」が与えられています。これを例に、特別職公務員である自衛官に対する特別法規を検討できないのでしょうか。

自衛官に精神的支柱を与えることこそ

現在、憲法を変えなくても、自衛隊が任務を果たすという点では、非常に多くのことが可能です。明記することでどのようなメリットが生まれるのでしょうか。他方で、問題が発生する可能性はないのでしょうか。改憲・加憲を主張する側には、「明記することによって何か問題は起きないのか」、「三〇年後、四〇年後に通用するのか」という問題意識が欠けている気がします。

他方、単に政府・与党に対立している側には何も見えません。政権政党たろうとする資格すらうかがえないのは残念です。

最後に、日本国憲法第九九条では

「天皇又は摂政及び国務大臣、国会議員、裁判官その他の公務員は、この憲法を尊重し擁護する義務を負ふ」

と謳われています。ここで言う「公務員」に自衛官も含まれます。この義務に命がけで臨んでいる自衛官に精神的支柱を与えることが、今、最も必要な政治の責任ではないでしょうか。

〈解説〉

自衛隊幹部は何を悩んできたのか

柳澤 協二(元内閣官房副長官補)

うちにある悩みと対峙する姿を発信

本書は、元自衛隊高級幹部であった方々が、今日の憲法改正をめぐる政治状況の中で何を感じているか、率直に語った手記をまとめている。どの方も、私が防衛官僚として在職中からお付き合いがあり、仕事の同僚として信頼していた方々である。

今回の手記を拝読して、それぞれに人として信頼できる方々であったことを再確認することができた。組織を背負った仕事上の人間関係というものは、お互いの立場は異にしても、この人が言うことであれば、結論・判断が違っていても尊重し、その人が立場上困らないようにしようとする配慮があって成り立つ。仕事は、人格の反映である。

私は、退職後、特に安倍政権が提起する日本の安全保障・自衛隊政策の変更に疑問を持つ立場から、「自衛隊を活かす：21世紀の憲法と防衛を考える会」を立ち上げ、自衛官OBを含む方々を交えて公開のシンポジウムを重ねている。本書に登場する方々の中には、半ば常連のようにそこに参加いただいている方もいる。

自衛隊退官から間もない時期に、政権に批判的な集まりに来ていただいていることに敬意を払いながらも、多少の心配をしていた。政権に批判的な姿勢を明らかにしている私が主催する会合に参加することが、この方々の退職後の立場を難しくすることになるのではないか、という心配である。自衛隊の場合、組織を退いた後もＯＢのつながりは強い。そのつながりの中で気まずい空気にさらされる。私自身も、そういう経験はある。

しかし、皆さんの手記を読んで、その心配は無用であることがわかった。気まずいことがないからではない。この方々が発言するのは、ご自身のうちにある悩みと対峙する姿を発信しなければならないと考えているからなのだ、ということに改めて気づかされた。それは、私も同じことなので、その私が、私以外の方々の心配をするのはいかにも僭越なことだったのだ。

元自衛隊幹部であったからこそ

私がいろいろな機会に防衛論をお話しするとき、「あなたは防衛官僚であったにもかかわらず、なぜ今の政権に批判的なのか」という質問が寄せられる時がある。私は、「防衛官僚であったからこそ、考えた末にこういう結論になるのです」とお答えしている。

この問いの立て方の違いは、実は大きい。護憲派と言われる方々は、「敵だと思っていたら味方だったのか」という感覚で受け止めているのだと思う。改憲派の方々は、「味方だと思っていたのに、組織を裏切るのか」という思いでいると思う。

私が伝えたいのは、そういうことではない。社会人となり、防衛庁に入庁して以来、自衛隊が存在することを不必要とか、悪いこととか思ったことはない。社会に役立つ仕事として一所懸命に向き合ってきた。しかし、退職後、在職中に感じた問題意識に従っていろいろな疑問と格闘する中で、組織の論理を離れた自分流の認識、論理、判断が生まれてきた。それを発信することによって、聞き手の方々、より広い意味では日本国民が、防衛論を少しでも我がこととして考えるきっかけになってほしいと考えている。

本書に登場する方々も、認識、論理、判断は違っていても、多分、同じ思いで発信されているのではないか。自衛官だったにもかかわらずではなく、自衛官であったからこそ出てくる思いである。衒(てら)いのない率直な手記だが、限りない重さが感じられるのは、背後にその人の自衛官としての誇りと悩みがあるからだと思う。

若い人たちにどう伝えたらいいのか

全国を回って防衛問題について話す機会があるが、聴衆の多くは中高年の、護憲派と言われる人たちだ。決まって質問されるのは、「若い人にどう伝えたらいいのか」という問いだ。

いつの時代にも世代間の認識の差はある。それは、生きてきた長さの違い、経験の蓄積の違いからくる。だから若者は、今はわからなくとも、年齢を重ねるにつれ、年寄りが言っていたことを理解するようになる。私自身がそうだった。

しかし、今日の憲法をめぐる認識の格差は、単なる経験の差というよりも、生きてきた時代を覆う社会環境の違いから生じている。経験の量が違うというより、経験を認識に転換する心の枠組みが違う。私を含む現在の高齢者は、一世代前の戦争を経験した人々の経験・認識を追ってきた。それは、戦争で失ったものを取り戻すという歴史的な状況を生きてきた人たちであった。

そこでは、努力は肯定的な概念であり、経験を認識に転換する際の指標であった。平たく言えば、楽をしたい誘惑や若者としての反発はあっても、それを乗り越えて一世代前の考え方を受け入れ、それに近づくように頑張れば上の人から評価される時代だった。

では、今「若い人たち」と向き合う我々は、どのような歴史的状況を生きてきたのだろうか。そして、何を伝えようとしているのだろうか。

我々の世代は、社会インフラでも年金でも、出来上がった豊かさを素直に受け入れ、ありがたいことと感じて生きてきた。しかしそれを、若い世代に引き継ぐことができる社会環境は失われている。豊かさの陰には我々の努力があるのだから、それは権利として享受してよい。一方、人口構成上多数となった我々世代が豊かであることが若い世代の負担を増やしているのも事実だ。もちろんそれは、政治の責任であって我々個人の責任ではない。だが、その政治を選択してきた世代として、お先真っ暗な若い世代の気分を共有し、ともに解決方法を見つけなければならないはずだ。

憲法と平和の問題も、同じことが言えるのではないか。我々の世代は、戦争を経験したことがない。「これまで戦争はなかった。それは、憲法を守ってきたからだ。したがって、憲法を守ればこれからも戦争はない」。こうした論理は、論理的に不完全であり、戦争があるかもしれないという不安を抱える人たちに受け入れられるはずはない。

我々世代の目的は何かと言えば、憲法を守ることそのものではない。戦争の惨禍を繰り返さないことが目的だ。それは、改憲したい立場の人でも同じで、憲法を変えることそのものが目的ではない。それによってより善い平和が生まれるかどうかが目的であるはずだ。

そうだとすれば、なぜ戦争をしてはいけないのか、どうすれば戦争にならないのか、自分の言葉で語ることができないとすれば、我々世代は、憲法を変えても変えなくても、結局何も残すことができず、単なる歴史の空白となって忘れ去られる。

自衛隊を災害派遣隊にするという発想

自衛隊の災害派遣にはすべての国民が感謝している。だから、自衛隊を災害派遣隊に変えれば、もろ手を挙げて自衛隊を支持できる――。そういう意見を聞く。「自分たちが支持できる形に自衛隊が変わってくれれば喜んで支持するのに」ということだが、それは、現実的には意味を持たないと思う。政治的には、「軍隊をなくせ」という発想の変形にすぎない。それは一つの政治的判断だが、それでは、戦う自衛隊のない日本がどうやって侵略に立ち向かうのか、という問いへの答えにはならない。

災害派遣で献身的に国民を救うことができるのも、戦場において生死を共にする組織としての一体感に裏付けられた規律があるからだ。護憲、改憲を問わず、国民が直面する課題は、国防の組織である自衛隊をどのように受け入れることができるのか、ということだ。自衛隊シンパであろうとアンチであろうと、自衛隊の好ましいところだけを見るのではなく、いいところも悪いところも合わせて受け止めなければ、結局、この多面性を持った実力組織を正しく認識することにはならない。

自衛隊の実体を認識するということは、兵器や戦術に詳しくなることではない。自衛隊が国のために戦うという意志を持った集団であることを理解し、それをどう使おうとするか、そして、使う以上は、その労苦にどのようにこたえ、その犠牲をどう受け止めるのか。あるいは、特定の場面で使わないのであれば、自衛隊に代わる選択肢をどのように構想するか、そうした課題に自ら答えを持つということだと思う。

そこには当然、それぞれの国民の思想的選好が反映される。私は、できるだけ自衛隊を使わないことを選択しようと思う。自分自身が立ち上がらざるを得ないような目に見える危機があり、それを自衛隊によって解決できる確信が持てるような事態は、そうざらにはない、というのが私の認識であり、他の選択肢がある場合に自衛隊に戦死覚悟の任務を与えるわけにはいかないからだ。そういう犠牲に、人としてこたえる自信はない。

これは、なんら専門的な知識がなくてもたどり着くことができる判断だと思う。しかし、他の選択肢があるかどうかという判断には、多少の知識は要る。それは、毎日の新聞を読んで考えるほかはない。だから、「一般人」だと思っている国民にも、できないことではない。

新聞ではわからない知識もある。例えば、自衛隊に何ができるか、やらせた結果として何を覚悟しなければならないか、ということは、それを知っている人から聞くしかない。それを本書でくみ取っていただきたいと思う。本書の率直な手記は、率直であるがゆえに、その知識にあふれている。そして、この手記を書いた方々と対話するつもりで読んでいただきたい。今日の憲法論議に欠けているものが見つかると思うからだ。

渡邊隆（わたなべ・たかし）

1954年生まれ。元陸将。陸上自衛隊幕僚監部装備計画課長、幹部候補生学校長、第一師団長、統合幕僚学校長、東北方面総監などを歴任。

山本洋（やまもと・ひろし）

1955年生まれ。元陸将。陸上幕僚監部監察官、東北方面総監部幕僚長、第七師団長、富士学校長、中央即応集団司令官などを歴任。

林吉永（はやし・よしなが）

1942年生まれ。元空将補。航空自衛隊沖縄与座岳分屯基地司令、北部航空警戒管制団司令、第七航空団司令、幹部候補生学校長などを歴任。

自衛官の使命と苦悩
——「加憲」論議の当事者として

2019年1月9日　第1刷発行

発行者　竹村正治
発行所　株式会社　かもがわ出版
〒602-8119　京都市上京区堀川通出水西入
TEL 075-432-2868 FAX 075-432-2869
振替　01010-5-12436
ホームページ　http://www.kamogawa.co.jp
印刷所　シナノ書籍印刷株式会社

ISBN978-4-7803-1002-3　C0031